蔷薇花图鉴

日本主妇之友社 ○ 编著

梁玥 ○ 译

U0237313

江苏凤凰科学技术出版社

目录 Contents

本书的阅读方法

本书的图鉴部分大致分 6 个版块来介绍。

关于蔷薇的分类及标示等信息，即使在专家之间也是众说纷纭，而本书的参考标准是各位主编及各个蔷薇代销店的判断。

* 刊登在品种图鉴中的花朵写真精准地捕捉到了每个品种的特征，但是根据其各自的种植环境不同，即使是同一品种在花朵大小、颜色上也会有所差异。关于没有品种标示的庭院全景写真及其他参考写真，本书无法提供品种鉴定，因此不接受咨询，万分抱歉。

原种·原变种

❶ 春晨 *Frublingsmorgen*

单瓣型

❷ ❸ ❹ ❺

花瓣为粉色，中心部分是鹅黄色。花期极早，从上一年的枝条叶腋处抽出短枝开花。兼具耐寒性、抗病性，粗壮的蔓状枝条能够攀缘到很高的地方。

攀缘400厘米·花径8厘米 ❻

标示出了当前页所介绍的蔷薇花色。花色基本如此，但有时也会因为气候条件等而产生较大差异。

---

❶ 花名

本书中所采用的蔷薇名称是在中国为人所熟知的名称。

❷ 花型

花型标示。其中也有标示着两种以上花型的品种，这是由于一部分品种会因气候条件不同而改变花型，或是花型随着开放产生变化。

❸ 花期

标示分为以下这四种：一季开花、四季开花、反季开花、多次开花。

一 一季开花——每年仅在春季开一次花。

四 四季开花——除了冬季以外的春季至秋季，有规律地隔一段时间开一次花。

反 反季开花——与有规律的四季开花不同，后面的花期没有规律性。

多 多次开花——比反季开花多，到了秋天也有大量花朵开放。

❹ 用途

根据各个品种的生长特性，用图形符号标示出了其适合的栽培用途。

花坛——植株较矮小，基本不需要人工牵引。

花篱——植株较高大且具有攀缘性，适合装饰花篱或植物攀爬架。

墙壁——植株高大且攀缘性强，能够覆盖住房子建筑物等的外墙面。

花门——植株较高大且具有攀缘性，适合装饰家庭用小花门。

花塔——植株较高大且具有攀缘性，适合装饰花塔或花柱。

花盆——植株较矮小，盆栽就足以养好。

❺ 香味

对于香气的感知人各有别，香气也会随着时间段和气候而有所变化。一般说来，与傍晚相比，在低温、潮湿的早晨闻到的花香会更浓一些。

浓香　中香　微香

❻ 株高·攀缘、花径

株高·攀缘——灌木性蔷薇用"株高"来标示，藤蔓性蔷薇用"攀缘"来标示，高度超过 200 厘米的半蔓性蔷薇用"攀缘"来标示。

花径——书中标示的是八分开时的花径，不过根据栽培环境不同会有少许差异。

看透蔷薇的个性，抓住栽培时机

有不少人觉得蔷薇很难栽培，所以知难而退。也许他们将蔷薇栽培看作是"蔷薇道"（就像茶道、花道一样），认为只有不断修行才能达到至高境界。

然而，蔷薇其实是一种在世界范围内被广泛栽培、对环境适应性极强的植物。此外，它的品种多到数不胜数，不论哪个品种都独具个性。只要你找到自己会养的品种，就等于拿到了蔷薇乐园的入场券。

请你将自己对蔷薇有何种要求列举出来看看。对于花色及香气、花期的喜好就不必说了，要根据是否符合栽培条件来进行严格筛选，比如"我想种植对栽培场所不挑剔的袖珍型蔷薇""我觉得耐高温的品种比较好""我想在寒冷地区栽培""我想种成花门""我想要抗病的品种"等。你一定能够找到易于自己栽培的蔷薇品种。

不论哪种植物都有其适当的栽培管理时期，如果在此时期之外进行种植反而会弱化植物的生长能力。好不容易买到优质蔷薇花苗，如果弄错了施肥时机与用量，就有可能开不出花来。因此请牢记基础知识与种植时间。

---

1 蔷薇的苗木

蔷薇花苗（日本产）通常在8~10月进行嫁接。

早春时在市面上贩卖的"新苗"是刚进行过嫁接的小苗，要等到第二年才能开花。半年后，新苗就能生长得非常苗壮了。

秋冬时上市的"大苗"是嫁接后生长约一年的苗木，次年春天就能开花。由于贩卖时正值其休眠期，所以苗木都是经过修剪的。

将大苗栽在花盆中的蔷薇苗木叫作"盆栽花苗"。在盛花期时市面上最多的就是这种，一年到头都可以买到。

新苗

在种植时要十分小心，不要弄断刚嫁接好的新芽。

大苗

请选择枝茎粗壮的花苗。还有一个窍门就是要选择带有许多侧根的花苗。

盆栽花苗

购买盆栽花苗时能够直观地通过确认花与叶的状态，来判断根部的状态。

2 关于花盆

赤陶花盆

赤陶花盆种类丰富，既有质朴款、也有高级款。通气性极佳，但同时也有沉重、易碎的缺点。

塑料花盆

塑料花盆虽然轻便，但缺点就是透气性不好。不过种在侧面带有切口的"开口花盆"中的蔷薇，由于透气性较好，因此根部伸展状态极佳，不会出现根在花盆内转圈生长（盘根）的情况。

3 使用什么样的土壤好?

土壤

在栽培蔷薇时,理想的土壤标准就是"保水性"与"保肥性"俱佳,"排水性"与"透气性"良好,即几颗土壤粒粘结成土块状,且土壤颗粒间留有适度孔隙。像这种具有"团粒结构"的、质地松软的土壤就是好土。

如果是在庭院里种植的话,则可在土壤中混入大量堆肥与干牛粪、干马粪、泥炭土等有机物质,充分翻耕后再进行栽培。

堆肥

堆肥是最常用的改良土质材料,对于提高保水性与保肥性十分有效。不过,使用腐熟度不达标的堆肥会导致植株根部损伤。要注意避免使用原料尚未腐解或是散发恶臭气味的堆肥,尽可能使用腐熟良好的堆肥。

干牛粪与干马粪是动物性原料堆肥,与其说是肥料,倒不如说是改良土质的材料。由于牛粪本身就含有盐分,所以要选择腐熟度好的、去除了盐分的堆肥。

泥炭土对于改善排水性及保水性、透气性十分有效。根据其产地与腐熟度不同,品质也良莠不齐,因此要尽可能选择含有较长植物纤维的泥炭土。

如果是使用市面上销售的培养土在花盆中种植的话,也可以加入堆肥等用来改良土质。

4 在哪里种植好?

为了使植株苗壮生长、开出更美的花朵,关键的一点是要选择光照充足、通风良好的场所来进行栽培。不仅仅是蔷薇,所有的植物都是如此。

光照

最好是种植在能保证光照时间超过半天的场所,如果满足不了,至少也要种植在上午能晒 3~4 个小时太阳的地方。

通风

良好的通风也是关键点之一。如果植株四周草木密集、不通风,湿气就会很重,植株就会变得孱弱,其结果就会导致病虫害多发。另一方面,要是种植在强风口处,则又会变得易干燥、叶与茎摩擦受损。

使用花盆栽培的话,一定要避免将花盆直接放置在反射率高的水泥地面上。因为这样会使植株根部被灼伤。可以用竹片或砖块等将花盆垫高,形成一条通风道。

5 蔷薇花苗的扦插方法

地栽

首先挖好一个直径 50 厘米、深度 50 厘米左右的坑。先把土刨出来，然后在坑底放入大约 0.01 立方米的堆肥及牛粪、泥炭土等，充分和匀。然后将土填回坑中，再插苗。

如果是大苗，就要注意使其分散的根部牢牢插入土中，并且一定要使其接穗部分露在土外。将植株周围的土堆成多纳圈状，使浇灌的水不易流失（像水盆一样），再浇透水。接下来立一根木棍做支柱，固定花苗。要使土壤经常处于湿润状态直至大苗扎牢根，这一点非常关键。

新苗与盆栽花苗也依法炮制，先备好土坑，然后将花苗从盆中取出、种到地上。

6 关于肥料

元肥

蔷薇是一种需要大量优质营养成分的植物。因此尤为重要的一点就是在扦插时及冬、夏季节施以元肥。所谓施元肥即刨开距植株 30 厘米左右处的土，埋入缓效性有机肥。

植物在生长时所必需的营养成分有三种：氮、磷酸、钾。氮主要促进叶与茎生长，磷酸促进花与果实生长，钾促进根部发育。用于蔷薇的话，这三种成分的比例最好维持在 1 : 2 : 1。肥料大致分为三种：从动植物中提炼出来的油渣肥与骨粉肥等有机肥，化学合成的无机肥料，含有三种营养成分中的至少两种，称为复混肥。有机肥见效慢，但是肥效长。而另一方面，复混肥既有缓效性的种类，也有速效性的种类。请掌握好这两种肥料的特性，"因花施肥"。

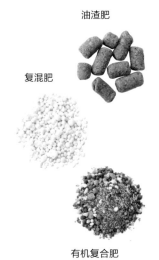

油渣肥

复混肥

有机复合肥

礼肥

如果是四季开花的蔷薇，就一定要在 6 月与 11 月施礼肥。施礼肥的时机不是刚开花以后，而是在花全部盛开后，这时施肥最有效。方法是将粒状的有机肥埋入植株周围的土壤中。

发芽肥

从 3 月发芽至开花这一期间要施发芽肥。速效性复混肥与液肥也是不错的选择。

将复混肥与有机肥混合在一起制成的"有机复合肥"也很值得推荐。它的肥效长、效力稳定，因此可以定期进行施肥。

7 病虫害

防治病虫害最关键的一点就是规范种植用土及种植场所等栽培环境，这样就不易发生病虫害了。具体可参考第 17 页。

黑星病

"黑星病"是最为棘手的病害，病株叶子上会生出黑斑，最终叶片全部凋落。在除冬季以外的季节发病。其成因在于土壤中的真菌随雨水等溅起并附着在叶片上，因此可使用稻草秸等覆盖住植株周围的土地，这样可在一定程度上预防黑星病。

白粉病

"白粉病"就是在新芽、嫩叶、花梗部分出现好似覆盖着白色粉末一般的症状。植株受到病害的部分会萎缩，发育不良。这种病害多发于昼夜温差过大的春秋季节。要留意修剪多余的枝条并且保持良好的通风状态，勤剪枯叶与开败后的花朵。蔷薇中既有容易得白粉病的品种，也有抗病性较强的品种，因此在挑选品种的阶段就要考虑周全，这一点很重要。

蚜虫

蚜虫出现在早春时节，它们群集在新芽及花苞最柔软的部分，吸取树液。其排泄出的液体会导致煤污病，除此之外还会传播锈病。蚜虫可以用手摘除，但在虫害严重时喷洒农药更为有效。蚜虫的天敌是瓢虫、蚜蝇以及食蚜蝇的幼虫等。

月季叶蜂

月季叶蜂的成虫体长约 2 厘米，身体为黑色，腹部为橘色，它会将尾部刺针刺入新芽的茎中产卵。孵化出的幼虫会以迅猛之势将植株嫩叶全部蚕食光。如果发现已被产卵的枝条一定要尽快做剪除处理。

天牛

天牛对于蔷薇来说是危害最大的害虫。其幼虫别称锯树郎，会从植株根部钻入、将木质部蚕食一空。这时幼虫会将如同木屑一般的粪便从钻入的洞眼处排出，因此一旦发现虫粪就要仔细寻找洞眼，然后用金属丝等物插入洞眼消灭幼虫。此外将农药注入洞眼也十分有效。

介壳虫

介壳虫的体表覆盖着一层白色蜡状物质，这种害虫附着在植株茎部吸取树液。它容易繁殖在弱苗上，使其发育不良。可以用废弃的牙刷等将它刷除来进行驱虫。

农药

关于在蔷薇上喷洒农药这件事，大概每个人的想法都不同。如果想好要打农药，就得提前做好准备，比如弄清器具的使用方法及喷洒农药的方法等，还要严格遵守农药的用法用量。

现在也有越来越多的人希望使用来源于天然的园艺材料，进行无农药蔷薇栽培。有人将"木醋液"或"大蒜精华液"等充当农药来使用，据说它们对于病虫害有时能起到一些效果，但由于制造方法不规范，所以成分并不统一。即使是成分来源于天然的农药，其中也有一部分对人体是有害的，请在理解了这一点之后再根据自己的判断来使用，后果由使用者本人自行承担。

8 修剪

为了达到繁花锦簇的目的，修剪枝条是一道必不可少的工序。由于细枝与生长了3年以上的老枝只能开出单薄的花朵，所以要将它们自分生处剪下（疏剪），以达到促进苗壮、健康枝条（新梢）生长的目的。通过修剪可以理顺纠缠不清的枝条，因此不仅能改善通风及透光状态，还能使整体株型更加美观。

一边想象你希望蔷薇长到多高，一边截短枝条（短截）时，要在距离选好的向外生长的剪口芽上方7~8毫米处，斜着向上（有芽那一方为上）剪断。

在12月~次年2月间进行冬季修剪，这时要果断进行强剪工作。如果是花朵硕大的杂交茶香月季，那就几乎要剪掉整株的一半；如果是成簇开放的丰花月季，则要剪掉大约1/3。在9月进行秋季修剪，稍作修剪即可。这个时期植株处于生长期，因此不宜强剪，否则会对植株造成极大损伤。

9 浇水

春、夏、秋三季每天都要浇透水。尤其是高温的夏季，要大量浇水。如果是盆栽花苗，基本上土表一干就要浇透。

如果是地栽花苗，在梅雨期及多雨的9月份基本上不用浇水，但在冬季休眠期土壤极为干燥，因此要常浇水。尽量在中午以前浇水。

可以用稻草秸或椰棕制成的垫子等覆盖住植株根部，这样不仅能防止干燥，还能预防溅起的泥点等导致病虫害的发生。

持续浇水土壤容易结块，因此最好时不时地松松根旁的土壤。

花型

蔷薇花型有多种名称。一般分为6~11种，但各自的花型与名称分类并不精确。

部分蔷薇花型从绽放至开败是有变化的，因此在本书品种信息中也加注了这些变化，比如"由○○型变为○○型"。生长状况不同，花型也会产生变化，因此实际花型并不一定都与图鉴中刊载的一模一样。

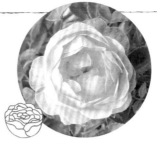

深杯型
外侧花瓣向内、紧密包裹住内侧花瓣的花型叫作杯型。其中呈深杯状的花型被称为深杯型。

开杯型
在杯型中，开杯型花瓣也是向内包裹、但能够看见中央花蕊。

浅杯型
花瓣呈浅杯状开放的花型。

莲座型
许多花瓣重叠在一起、呈圆形放射状开放的花型。

四分莲座型
在莲座型中，中央的花瓣看起来分为四份的花型。

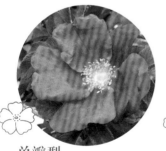

单瓣型
一般花瓣有5片，在同一层平面内开放。也叫作平展型。

半重瓣型
花瓣数量在6~25片左右，直至花朵盛开时才能看到中央的花蕊。

剑瓣高芯型
外侧花瓣边儿翻卷，形成像剑一样尖锐的形状。中心部分突出。这种花型给人以一种轮廓分明的印象，在现代月季中很常见。

半剑瓣型
虽然这种花型的中心部分也突出，但花瓣翻卷得没有那么厉害。形状较为圆润，给人的印象比剑瓣型要柔和。

绒球型
花瓣小小的、密集在一起，花型圆润饱满。

圆瓣环抱型
花瓣圆润，外侧花瓣边儿不翻卷、环抱着中心开放。

蔷薇的分类

据说现在全球正式登记名称的蔷薇品种约为2万种，但是它们的分类方式尚未统一。如果大致区分一下的话，应分为3种：原变种、古典玫瑰、现代月季。

在本书的蔷薇品种标示中，品种名后面注有英文缩写。这样的缩写便于你了解品种及其性质。

这种缩写的使用方法尚无统一规范，各个种苗公司可能略有差异。

原种·原变种 *Species*

Sp
原生种蔷薇～原种，人们认为这一系统是现代蔷薇的祖先。

古典玫瑰 *Old Roses*

T
香水月季系～这一系统被视为灌木性四季开花种类的祖先。

P
波特兰玫瑰系～这一系统多为反季开花性。

N
诺伊斯氏蔷薇系～这一系统的特征是：花朵娇小，花色多为浅色。

M
苔蔷薇系～这一系统的特征是：在花梗及花萼处密生着腺毛。

HP
杂交长春月季系～这一系统花朵硕大，被视为杂交茶香月季的祖先，一季开花性。

G
法国蔷薇系～这一系统花色多为深紫红色系，一季开花性。

D
大马士革玫瑰系～这一系统十分馥郁，常用作香料。

Ch
中国月季系～这一系统被当作四季开花性月季的亲本。

C
百叶蔷薇系～这一系统花瓣数量多。

Bslt
波尔索月季系～这一系统花期早，无刺。

B
波旁玫瑰系～这一系统花朵硕大且多花。

A
白玫瑰系～这一系统的特征是：花色为浅色，叶子带有青色。

现代月季 *Modern Roses*

Cl
藤本（攀缘）月季～这一系统呈藤蔓性。

HMsk
杂交麝香月季～这一系统呈半蔓性。

S
小灌木型月季～这一系统呈半蔓性。

R
蔓性蔷薇～这一系统呈藤蔓性，细分为很多种。

Pol
多花蔷薇～这一系统花朵娇小，成簇开放。

Min
微型月季～这一系统花朵娇小，四季开花性。

HT
杂交茶香月季～这一系统花朵硕大，四季开花性。

F
丰花月季～这一系统花朵大小适中，四季开花性。

En / E / Eng
英国月季～由英国人大卫·奥斯汀所培育出的品种群。

＊ 系统分类上方的字母就是英文缩写。

Species

原种·原变种

原种与原变种蔷薇富有魅力的基因

据考证，在欧洲、中东至亚洲、日本、北美大陆的山野中，至少曾生长着 150 种蔷薇原种。

这些生长在野外的花朵既美丽又馥郁，自然得到了人们的青睐，被栽培用作香料及入药，随着人类文化变迁而不断被杂交。

在欧洲，人们是在古希腊罗马时期开始广泛种植蔷薇的，种的是香气浓郁的圆瓣杯型与四分莲座型蔷薇。而在古老的中国山野里，则生长着香气淡雅的单瓣型蔷薇与四季开花性蔷薇。

这些纯粹的原种不断进行自然杂交，诞生出无数原变种蔷薇品种，它们具有各种各样令人瞩目的特性，如"灌木性""四季开花性""茶香""剑瓣高芯花型"等。

因为有刺，所以被称为"茨"

在古时的日本，蔷薇的汉字写作"茨"。这个字意指带刺的矮树。

光叶蔷薇

玫瑰

野蔷薇

日本野生蔷薇

在被称为原种及原变种的蔷薇中，野蔷薇、光叶蔷薇和玫瑰这 3 种是日本野生种。

野蔷薇
Rosa multiflora
系统：原种蔷薇（Sp）
原生地：日本（冲绳除外）、朝鲜半岛、中国
日语名：野茨（noibara）
攀缘：350 厘米
花径：2.5 厘米

花朵娇小、白色、单瓣。作为杂交的亲本，它赋予了现代蔷薇成簇开放的特性，是极为重要的原种。也可以用做砧木。详见第 21 页。

野蔷薇
Rosa multiflora

广泛分布于日本、朝鲜半岛、中国北部，别称"野茨（noibara）""野原（nobara）"等。具有成簇开放的特性，是改良蔷薇的基础品种，是现在的多花蔷薇、丰花月季的祖先。一直以来也被广泛用作栽培品种的砧木。

蔷薇的所有园艺品种都源自这8种

目前蔷薇的园艺品种超过2万种，但是据考证，它们的祖先仅有8种（参考图片），都是原种。整个亚洲都有的，尤其是中国西部的蔷薇具有四季开花性、高芯花型等特性，以及日本野蔷薇具有成簇开放的特性等，现代蔷薇很好地继承了上述优点。

法国蔷薇
Rosa gallica

分布于欧洲中、西部至西亚，具有典型的蔷薇花香，香气浓郁。人们早在公元前就开始栽培法国蔷薇与腓尼基蔷薇的杂交种大马士革玫瑰（突厥蔷薇）。"gallica"这一名称源于法国地名的古称"高卢"。

庚申月季
Rosa chinensis

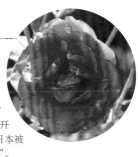

分布于中国西南部各省。是具有四季开花性的基础品种，与欧洲的法国蔷薇系杂交后才培育出现在的四季开花性大花月季。在日本被称为"kousinbara"。

大马士革玫瑰
（突厥蔷薇）
Rosa damascena

据说是在16世纪传入欧洲的，还有一个更为可靠的说法，说它早在公元前就被带到欧洲了。具有典型的大马士革玫瑰系的香气。

异味蔷薇
Rosa foetida

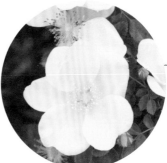

分布于西亚干燥的丘陵地带，花色为黄色。是现代杂交月季中黄色月季的祖先。

麝香蔷薇
Rosa moschata

广泛分布于喜马拉雅山脉至小亚细亚、地中海沿岸地区。具有独特香气——麝香，与麝香月季和诺伊斯氏蔷薇有亲缘关系。多花，花色为白色。

巨花蔷薇
Rosa gigantea

分布于中国西南部的云南省至缅甸。是它赋予了现代月季剑瓣花型及茶香的特性。

迷你庚申月季
Rosa chinensis 'Minima'

原产于中国。由庚申月季变异而培育出的品种，植株低矮，是微型月季的祖先。

光叶蔷薇
Rosa luciae

广泛分布于日本的本州、四国、九州，朝鲜半岛和中国，在日本被称为"terihanoibara"。19世纪末被引入法国、美国，改良后成为现在的蔓性蔷薇的基础品种。

原种·原变种

春晨 Fruhlingsmorgen

单瓣型

花瓣为粉色，中心部分是鹅黄色。花期极早，从上一年的枝条叶腋处抽出短枝开花。兼具耐寒性、抗病性，粗壮的蔓状枝条能够攀缘到很高的地方。

攀缘400厘米·花径8厘米

内山蔷薇 Rosa uchiyamana

单瓣平展型

白色花瓣的边缘染有粉色，花蕊为黄色。花期早且多花，花朵单生或成小簇开放。秋季结椭圆形果实，亦为半蔓性，形态美观、充满日本风情。

攀缘350厘米·花径3.5厘米

锈红蔷薇
Rosa eglanteria

单瓣平展型

叶片带有清爽的苹果香气。秋季会结出硕大、饱满的椭圆形果实。有横向蔓延的特性且刺尖锐，因此在种植时要确保有一定的空间。夏季需要警惕叶蜂侵害。

攀缘300厘米·花径3厘米

流苏蔷薇 *Fimbriata*

重瓣型

花朵秀美、花瓣边缘像石竹花一样呈锯齿状，叶片颜色也很漂亮。枝条硬挺、粗壮，可以自立。天然树型十分美观，但由于其具有扩张性，所以需要进行一定的修剪。抗病性及耐寒性强。

攀缘250厘米·花径4.5厘米

重瓣缫丝花
Rosa roxburghii var. *hirtula*

重瓣型

是"单瓣缫丝花"的重瓣品种，花瓣是渐变的晕染粉色，十分美丽。枝条上有皮刺，能长成很高的树状，也不易遭受病虫害。

攀缘350厘米·花径8厘米

亮叶蔷薇 *Rosa nitida*

单瓣平展型

是北美的野生种。枝条上覆盖着柔软的毛刺。果实极多，叶片变红后也十分美丽、具有观赏价值。长势不会过于扩张，也不易遭受病虫害，易于栽培。

株高150厘米·花径3厘米

大革马夫人 *Frau Dagmar Hastrup*

单瓣型

这个品种外观偏向玫瑰系，具有植株横向蔓延再向上攀缘、叶脉呈褶皱状等特性。虽然其本身比较茁壮，但在梅雨季之后一定要警惕叶蜂的侵害。频繁开放至秋季，结出的果实又红又大。

株高100厘米·花径8厘米

四季花园 *Stanwell Perpetual*

莲座型

随着花朵开放，淡粉色的花瓣会逐渐褪色，有时可见纽扣心（中心的小花瓣密集在一起呈纽扣状）。多花，春季以后也会反季开花。枝条横向蔓延，可以牵引做成花篱等，也可以盆栽。香气佳。

攀缘250厘米·花径7厘米

单瓣缫丝花
Rosa hirtula

单瓣平
展型

叶片小而密，似花椒叶，因此在日本得
名为"花椒蔷薇（sansyobara）"，原生于日
本的富士、箱根地区。植株高大到完全可以
称为树木了，单花、待开花需要数年，但抗
病性强，非常结实。攀缘400厘米·花径8厘米

康拉德·费迪南德迈耶
Conrad Ferdinand Meyer

半剑瓣
环抱型

花型随着开放逐渐变为古典杯状，重瓣多。易染黑星病、多刺、长势旺盛，虽然不是很适合普通家庭种植，但由于其美妙的香气和外观，现在极具人气。

攀缘350厘米·花径8厘米

十六夜蔷薇
Rosa roxburghii

莲座型 反

花瓣数量极多，花瓣边缘不是圆润的而是绝妙地缺了一块，因此得名"十六夜"（指农历八月十六日的月亮）。这一品种能够完全自立、具有扩张性，并且很茁壮、几乎不会遭受病虫害。

株高150厘米·花径7厘米

干草香水玫瑰
Rose a Parfum del'Hay'

杯型 反

略带紫色的深粉色花朵拥有大马士革玫瑰系的馥郁，春季多花盛开，秋季也开放。枝条硬而多刺、能够旺盛地攀缘，因此最好种在墙壁等旁。

攀缘300厘米·花径8厘米

筑紫蔷薇
Rosa multiflora var. *adenocheta*

单瓣平
展型 一

分布于日本的四国、九州地区及朝鲜半岛。粉色晕染的花色十分雅致，秋季结大量圆形果实。与一般的"野蔷薇"相比，植株更高大，有旺盛的攀缘能力。

攀缘400厘米·花径3厘米

莎拉范芙丽特双粉月季
Sarah Van Fleet

圆瓣杯型 反

亮粉色大花配上黄色的雄蕊十分美丽。相比较而言，反季开花次数较多，香气沁人。虽然多刺，但是耐寒性与耐暑性强、自立性也很好，强剪后的株型十分端正。

攀缘300厘米·花径8厘米

伍兹氏蔷薇 *Rosa woodsii fendleri*

单瓣平
展型 一

花色为粉紫色、花朵较大，是略具扩张性且极好养活的原种。花败后结出的红色圆形果实很美，可以用于玫瑰果茶或蛋糕等中。

攀缘350厘米·花径9厘米

弗吉尼亚玫瑰 *Rosa virginiarna*

单瓣平
展型 一

花朵硕大、粉色，花期迟，果实多而饱满。如果地栽种植会长成高树状。少见病虫害，耐寒性极强、非常茁壮。

攀缘250厘米·花径5厘米

彭赞斯夫人 *Lady Penzance*

单瓣平
展型

花色玫红色、略带红铜色，中心为乳黄色。相对而言花期较早，花量大，叶子有一种很好闻的香气。树势旺盛，很适合用来点缀墙壁。

攀缘300厘米·花径3厘米

紫叶蔷薇 *Rosa rubrifolia*

单瓣平展型

这个品种以略带灰色的美丽叶片而闻名，花色为深粉色，花朵零星开放。矮小、丛状形，秋季可以观赏到橘色果实。别称"粉叶蔷薇（Rosa glauca）"。

株高150厘米·花径3.5厘米

深山蔷薇 *Rosa marretii*

单瓣平展型

花朵大小适中，呈粉色，花败后迅速结出细长的果实，在秋季成熟变红。别称"桦太野蔷薇"，是生长在寒冷地区的原种。其特征是椭圆形叶片以及纤细的红褐色枝条，会长成小型灌木状。

株高150厘米·花径5厘米

西北蔷薇 *Rosa davidii*

单瓣平展型

花瓣宽大，呈粉色，花蕊也十分显眼。结大量硕大的日式酒壶形果实，是极具个性的原种，原生于中国四川省。长势旺盛。

攀缘250厘米·花径4.5厘米

穆斯林重瓣白
Blanc Double de Coubert

半重瓣平展型

外瓣宽大，内瓣稍小、平展，香气怡人。是玫瑰的杂交种，直立性树型与带有褶皱的叶片等与玫瑰很相似，但要稍高一些。秋季可赏黄叶。

攀缘200厘米·花径8厘米

彭赞斯君主
Lord Penzance

单瓣平展型

淡粉色花瓣略带黄色，配上淡黄色花蕊非常优美，惹人怜爱。单花，植株生长力旺盛，能长得很高大。花期早，叶片带有好闻的香气。

攀缘250厘米·花径3厘米

爱尔兰蔷薇 *Rosa hibernica*

单瓣平展型

粉色单瓣型花朵、花量大，鲜艳的绿叶也十分惹人喜爱，秋季能够观赏到极美的果实。少见病虫害、枝条纤细，适合作庭院栽培与盆栽。

株高180厘米·花径3.5厘米

银粉蔷薇 *Rosa anemoneflora*

绒球型

花朵娇小、爆发式成簇开花，中心处的细长花瓣与将其包裹住的外瓣构成了其独特的花型。枝条纤细、少刺，从主干长出分枝向四方扩张。

攀缘250厘米·花径2.5厘米

海棠蔷薇
Rosa pomifera duplex

半重瓣型

澄净的粉色花瓣极为美丽，是早开品种。别称"苹果蔷薇"，因其硕大的果实坠弯枝头而得名。直立性植株、能够自立，长高后分枝。

攀缘300厘米·花径8厘米

穆丽根尼蔷薇 *Rosa mulliganii*

单瓣平展型

呈圆锥状大簇开放，花量极多，盛开时宛如白花的纱屏一般。树势旺盛，大量枝条向水平方向生长，攀缘能力极强。秋季可赏累累硕果。

攀缘1000厘米·花径3厘米

筑紫蔷薇（白色单瓣）
Rosa multiflora adenocheta alba

单瓣平展型

是"筑紫蔷薇"的白花品种，特性与"筑紫蔷薇"大致相同，枝条上无刺。攀缘能力强，适合利用墙面等做牵引。秋季可赏果实。

攀缘350厘米·花径3厘米

覆雪幽径 *Schneekoppe*

杯型 · 多

花朵大小适中，花色为透明般的淡粉紫色。香气怡人，一年中多次开花。攀缘性适中，抗病性强，植株苗壮、易于栽培。

株高150厘米·花径8厘米

巨花蔷薇 *Rosa gigantea*

单瓣剑瓣型

这个品种赋予了现代月季剑瓣花型以及茶香的特性。攀缘力旺盛，花朵稀疏，因此并不太适合家庭内种植。植株苗壮、喜好温暖的气候、果实硕大。

攀缘400厘米·花径9厘米

矮雪白
Schneezwerg

半重瓣型 · 反

小朵白花成簇开放，黄色花蕊十分引人注目。多次开花，秋季花败后可赏果实。呈藤蔓状但不会过分攀缘，因此也适合盆栽等。耐寒性强。

攀缘200厘米·花径5厘米

白木香 *Rosa banksiae alba*

重瓣型

小朵花成大簇开放，花量极多、开放时间极长，花期早。少见病害。无刺，做牵引时应凸显其下垂的枝条。尽可能保持天然树型，种植在庭院中观赏。

攀缘400厘米·花径2.5厘米

新地岛 *Nova Zembla*

杯型 · 反

是"康拉德·费迪南德迈耶"的枝变异，象牙色花朵的中心渐变为粉色。香气怡人，植株苗壮，耐寒性、耐暑性极佳，易于栽培。

攀缘350厘米·花径8厘米

白色尼贝鲁兹 *Nyveldt's White*

单瓣平展型 · 反

纯白色的单瓣花瓣与黄色花蕊相映成趣。外形与白花单瓣玫瑰相似，但花蕊要比其纤细、瓣质单薄。春夏时节断断续续地开花，结出的果实硕大饱满。

攀缘200厘米·花径8厘米

卵果蔷薇 *Rosa helenae*

半重瓣
平展型

　　大量的白色小花成簇开放，花瓣根部略带黄色、枝条发黑，独特而美丽。藤蔓性，长有钩刺。植株茁壮，即使在背阴处也能成长得很好。

攀缘400厘米·花径2.5厘米

常绿蔷薇 *Rosa sempervirens*

单瓣平
展型

　　清爽的白花成大簇开放。枝条下垂、呈藤蔓状沿地面攀爬生长，可以用来制作花篱或是装饰大片墙面。叶片不易遭受病虫害的侵害，秋季可观赏椭圆形的果实。

攀缘600厘米·花径2.5厘米

阿尔巴中国月季
Rosa chinensis alba

重瓣型

　　花色雅致，花苞透红，开始绽放后花瓣边缘呈现出粉色。枝条上密密麻麻地开满花，当作藤本月季来种植十分美观。这个品种在日本被称为"白长春"，栽培历史也十分悠久。

攀缘400厘米·花径7厘米

野蔷薇 *Rosa multiflora*

单瓣平
展型

　　日本全国各地都有，它是十分重要的野生品种，赋予了现代月季明显的成簇开放特性。植株茁壮、不易遭受黑星病害，即使不喷农药也能养得很好。秋季结大量果实。

攀缘350厘米·花径2.5厘米

大花密刺蔷薇
Rosa spinosissima altaica

单瓣平
展型

　　花朵在原种中算是较硕大的，从初春时节就开始开放，结黑红色果实。纤细的枝条上长有细刺，半直立性、可自立，高度约能达到2.5米。耐寒性、抗病性极强。

攀缘250厘米·花径4.5厘米

麝香蔷薇 *Rosa moschata*

单瓣平
展型

　　小朵白花，特征是花瓣根部会收缩变细，花量极多。既有反季开花的品种，也有一季开花的品种等。常被用于杂交，留下了不少后代。

攀缘400厘米·花径3厘米

竹叶蔷薇 *Rosa multiflora watsoniana*

单瓣平
展型

　　是花朵最小的原种，外形简直与蔷薇大相径庭。是日本野蔷薇的同类，枝条纤细、扩张性强，叶片也像柳叶一般细长、带有白色斑点。根据气候条件的不同，有时花瓣变为淡粉色。日语名称为"庄之助蔷薇"。

攀缘250厘米·花径1厘米

密刺蔷薇"双白"
Rosa spinosissima 'Double White'

半重瓣
平展型

　　是"密刺蔷薇"的重瓣型，小圆花朵从初春时节开始就开满枝头。多细刺，植株整体要比密刺蔷薇精致、富有雅趣。叶片变红后也很美。

株高180厘米·花径3厘米

金太阳
Soleil d'Or

莲座型

这个品种为培育黄色系杂交茶香月季做出了莫大的贡献,十分有名。花量极多,半藤蔓状、有尖刺。易受黑星病侵害,因此需要喷洒农药。

攀缘250厘米·花径6.5厘米

叶脉玫瑰 *Agnes*

重瓣型

淡黄色中略带些琥珀色,中心处颜色稍深一些。直立性树型、多分枝,攀缘性强,因此不宜种植于狭窄的场所。花期早,香气怡人。半背阴处也可栽培。

攀缘300厘米·花径7.5厘米

绿萼 *Rosa chinensis viridiflora*

重瓣型 四

别称"绿绣球",花如其名,是珍稀绿色的品种。开放时间长,秋季略带红色。它是四季开花的灌木性品种,适合与其他品种混种在花坛中,通过修剪来维护。

株高120厘米·花径3厘米

黄色大革马 *Yellow Dagmar Hastrup*

重瓣型 反

鲜艳的淡黄色花朵十分美丽,过了春季也时常反季开花。枝条多刺、恣意向旁边扩张,与同属黄色系的"叶脉玫瑰"相比更为矮小。抗病性强。别称"黄玉宝石(Topaz Jewel)"。

株高150厘米·花径8厘米

黄蔷薇 *Rosa hugonis*

单瓣平展型

带琥珀色的淡黄色花朵,是最早开放的品种之一。新长出的枝条下垂,但最后能像树木一样自立。几乎不受病害侵害,深绿色的小叶片有独特的韵味。

攀缘200厘米·花径3厘米

波斯黄 *Persian Yellow*

重瓣型

就月季杂交来说是非常重要的品种,它给现代月季带来了黄色的基因,别称"波斯异味蔷薇",日语名称为"金司香"。直立性树型,枝条纤细多刺。要注意预防湿气与黑星病。

攀缘250厘米·花径6厘米

黄木香 *Rosa banksiae 'lutea*

重瓣型

黄色小花成大簇开放,花量极多、开放时间极长,花期早。少见病害。无刺,枝条下垂可牵引做造型。不过如果条件允许,种植在庭院里欣赏其天然树型是最好的。

攀缘400厘米·花径2.5厘米

雪山蔷薇 *Rosa pendulina*

 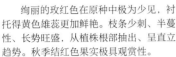

　　绚丽的玫红色在原种中极为少见，衬托得黄色雄蕊更加鲜艳。枝条少刺、半蔓性、长势旺盛，从植株根部抽出、呈直立趋势。秋季结红色果实极具观赏性。

攀缘300厘米·花径3厘米

奥地利铜蔷薇 *Rosa foetida bicolor*

　　花瓣表面是鲜艳的朱红色，背面是黄色，十分罕见。花期早，在原种中算花朵较硕大的。原产于干燥的中东地区，因此不适宜过湿的环境，要留意树势，还要留意预防黑星病，比较适合对于蔷薇栽培有经验的老手来种植。

攀缘250厘米·花径6厘米

红色歌络棠 *F. J. Grootendorst*

　　花瓣独具特色，像康乃馨一般边缘呈齿状，艳丽的红色非常富有魅力。不易受到病虫害侵害，开放时间持久。不论是种植在花坛里还是花盆里，都需要仔细修剪树型。

攀缘500厘米·花径3.5厘米

红色奈莉 *Red Nelly*

　　黄色雄蕊被紫红色花瓣包围，显得格外鲜艳。在上一年长出的枝条上密密地开满花，十分漂亮。在蔷薇中花期是最早的，树势不太旺盛，因此冬季修剪仅限于剪除枯枝与细枝的程度。

株高150厘米·花径5厘米

莱依的玫瑰园

Roseraie de l'Hay'

　　花色为鲜艳的深粉色、香气怡人，反季开花次数多。很好地保留了玫瑰的特性，在寒冷地区也能栽培得很好。多刺，呈扩张趋势、长势旺盛，需留意预防叶蜱。

攀缘250厘米·花径7厘米

华西蔷薇

Rosa moyesii

　　罕见的红色原种，深红色花瓣与金色雄蕊交相辉映。植株较高，呈直立状，也很适合种植在日式风格的庭院中。

攀缘300厘米·花径3厘米

灌木性庚申月季 *Rosa chinensis bush*

　　庚申月季是四季开花特性的祖先，这个品种也是庚申月季中最基本的品种之一。玫红色花瓣的外瓣边缘稍向外翻卷，广泛种植用于装饰花坛或是牵引制作成花门等。

株高100~200厘米·花径4.5厘米

日本蔷薇年表

小风真理子

这种美丽的花从何时开始被命名为"蔷薇"的？

在古代日本，人们将生长在山野中的多刺矮树称为"茨"。有一种说法是，7世纪时的中亚曾用"vala"这个词表示蔷薇，这就是"茨"一词的语源，而中亚也是蔷薇的原产地。也许贯穿欧亚大陆东西的丝绸之路不仅运输丝绸、宝石进行交易，也是运输蔷薇的蔷薇之路，从东到西、从西到东。

野蔷薇
原生于日本（冲绳除外）、朝鲜半岛、中国。

□ 蔷，即野蔷薇。出现在《文华秀丽集》淳和天皇的诗中

□ "今朝初窥蔷薇颜，真可谓好花易败"纪贯之在《古今和歌集》中吟咏蔷薇的妖艳

□ "感殿前蔷薇一绝"菅原道真在《菅家文章》中吟咏蔷薇，将其比作魅惑男人的妖精

□ 以"宇万良""棘原"的名字出现在《万叶集》中

710年　　　　　　794年

奈良　　　　　　平安

万叶和歌所吟咏的日本古代的野蔷薇

日本最古老的蔷薇和歌出自《万叶集》。

这首和歌就是《宇万良》，吟咏的是日本古代的野蔷薇。"道旁豆缠蔷薇枝头，如君惜别之情而我将远行"，其作者是东国的防人（士兵）。这是一首哀婉的和歌，大意是：你对我依依不舍，就像是路边缠绕着蔷薇生长的豆藤一般对我依依不舍，但我只能将你弃于身后。在初夏成片盛开的小白花蔓草缠绕的荆棘给人惹人怜爱，但留下的印象更为深刻。

野蔷薇果实

平安时代人们与舶来的蔷薇初相遇

日本定都京都是贵族政治的鼎盛时期。这时宣扬日本人审美意识的国风文化也十分盛行。

大部分蔷薇的故里都在中亚与中国，或许是遣唐使们将它们带回了日本，古代日本将汉语"蔷薇"音读作"soubi"。紫式部与清少纳言等人十分喜爱舶来的蔷薇，将它们画了下来。

□ "彷被蔷薇枸橘刺扎，归卧家中"以"棘"的名字出现在《伊势物语》中

□ "营实，宇波良乃实"指蔷薇果实，出现在《辅仁本草》中

黄蔷薇
据说中国自古以来就有黄色的蔷薇。

镰仓时代人们爱过的四季开花性月季"长春"

武士的时代到来了。这一时期的《平家物语》将人们带入无常之境，流于战乱的人们将信仰寄托在神佛之力上。在兴福寺的修二会（法会）上，供于佛前的纸花中就有蔷薇，在春日社的绘卷物《春日权现验记绘》中，出现了最古老的红色蔷薇绘画。藤原定家在日记《明月记》中曾有自述，说是植于亭中的"长春"（庚申月季）在冬季绽放的光景十分稀奇。这远比欧洲人知道庚申月季时要早得多。

□ 十字架念珠链
"丰后国的田原亲盛在复活节时召集了信奉基督教的家臣，在他们的头上戴上蔷薇花冠、在他们的脖子上戴上十字架念珠链。"《耶稣基督会日本年报》

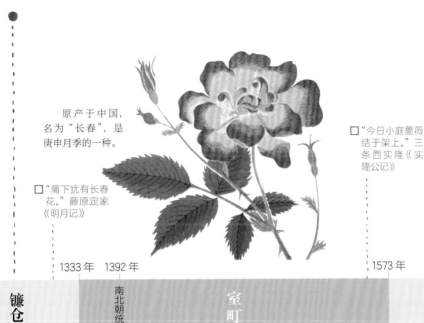

原产于中国，名为"长春"，是庚申月季的一种。

□ "篱下犹有长春花。"藤原定家《明月记》

□ "今日小庭蔷薇结于架上。"三条西实隆《实隆公记》

1185 年		1333 年	1392 年		1573 年	
	镰仓		南北朝统一	室町		桃山 安土

于战乱的室町时代绽放的蔷薇

足利将军的舞台是京都。这是战乱与一揆（暴动）的时代，但即使是在这样纷扰的世间，蔷薇也依然被人们悄悄地喜爱着。初夏时节有蔷薇宴，人们或扦插蔷薇，或将其牵引至垣篱上。据说在大德寺的石庭中就曾摆放着种有蔷薇的石头，装饰屏风与隔断的花鸟画以及汉诗中也出现了蔷薇，这些都是贵族与禅僧等上流社会人的玩意。而越过屏壁就能看到高腾的战火，那时的蔷薇虽然为权贵们的心灵带来了慰藉，但却与武士、贫民无缘。

□ "池边蔷薇盛"伏见宫贞也亲王《看闻日记》

樱蔷薇（内山蔷薇）被认为是庚申月季的一种。

那座石庭中的蔷薇

"我在京都大德寺的石庭中看到了蔷薇。"耶稣基督会传教士、葡萄牙人弗罗伊斯这样说道。确实，在那里的石头上种植着种类繁多的蔷薇和花草，这样每个季节都能欣赏到不同的花的开放，蔷薇的品种应该是四季开花的"长春"。原本石庭中栽有树木花草就挺令人感到意外了，不过众所周知战国时代在那座龙安寺的庭院中也曾种有垂樱，秀吉颁布了法令，禁止人们砍伐寺庙庭院中种植的树木。

金樱子（难波蔷薇）在日本西部地区野生化的蔷薇。

基督教徒与神圣蔷薇的邂逅

天下人信长十分欢迎来自葡萄牙的南蛮文化以及基督教。基督教教义使弱者聚集在一起，围绕基督教徒的大名（将军手下位高的武士）产生了许多信徒。高山右近及其父建造了一所教会，带有优雅的西式庭院，在十字架周围种满了"远道而来"的蔷薇，据说在有马晴信的藩城中还曾有"千朵蔷薇"的隔扇绘。也许这是因为人们知道，蔷薇是象征圣母玛利亚与基督受难的神圣之花。在祈祷时使用的十字架念珠链叫作"rosário"，其原意也是蔷薇花冠。总而言之，在这个时代，武士与平民通过基督教走入了西方世界，邂逅了蔷薇。

白玉棠
　野蔷薇七姐妹的白花品种。

木香花帘垂蔷薇
　是中国自古以来就有栽培的木香蔷薇。

插图参考文献 / 本草图谱综合解说

1603 年		1868 年		1912 年
安土桃山	**江户**		**明治**	**大正**

☐ 在圆通院的大门上曾绘有支仓常长从西班牙带回日本的洋蔷薇，但随着闭关锁国被封印了。

江户的蔷薇，游走于太平盛世的庭院中

江户是德川的天下。这个时代正值闭关锁国，从出岛（唯一的外贸地）窥见的西方世界令人兴奋雀跃。

在平民间也开始流行起园艺潮。木香蔷薇、金樱子从中国传入日本，随之被培育出了日本的樱蔷薇和野蔷薇七姐妹。

德国医生、博物学家西博尔特十分喜爱日本，并将日本北方的蔷薇品种玫瑰带回了西方。在这个时代，蔷薇也贪恋着恬静而安稳的梦。

"何其相似，蔷薇小径故乡路"（芜村）

野蔷薇七姐妹
　原产于中国的园艺品种。

漂洋过海来到日本的明治洋蔷薇

黑船拉开了怒涛般的明治维新序幕。这个时代，夏目漱石在雾都伦敦害着思乡病，而莫奈与梵·高正如痴如醉地迷恋日本文化。

大量欧洲蔷薇也在这时来到了因文明开化运动而一片欢腾的日本。西乡隆盛十分向往香气醉人的现代月季"法兰西"；樋口一叶寻访玫瑰园；病榻上的子规将幽思寄予种植在庭院中的蔷薇，写下"啤酒苦、葡萄酒涩、蔷薇的花朵"。日本与西方的蔷薇在精心培育下，架起了与世界沟通的桥梁。

小凤真理子，日本史研究者。亦无比热爱园艺。以邂逅"艾伯丁"月季为契机迷上蔷薇，种植着 40 多种蔷薇。

Old Roses

古典玫瑰的 1 年

1	2	3	4	5	6	7	8	9	10	11	12月
休眠				开花		二次·三次开花（四季开花品种）			开花（秋季开花品种）		休眠
冬季底肥		发芽肥			礼肥						冬季底肥
修剪与牵引（藤蔓性品种）											
	冬季修剪				剪花		清理过于繁茂的枝条				

* 以中间的（即冷凉地与热暖地之间）为基准

蔷薇不是只有春天才开花，有些品种春季过后也会再开花。因此在花开放后不要忘记施礼肥。

古典玫瑰

香气扑鼻的古典玫瑰装点着春天的庭院

蔷薇育种已经有上千年的历史了，从古欧洲的时代开始人们就将这种植物种植在庭院里，并包括野生品种。蔷薇甜美馥郁、柔软的花瓣层层叠叠，以优雅而艳丽的姿态妆点了各个时代。

古典玫瑰是不具有四季开花性的月季（也有四季开花性的中国月季系和香水月季系）的总称，树型与特性各异，大部分可以当作"藤本月季"的同伴来种植。其中也有枝条收敛、矮小的天然树型品种，可以说正适合小花园种植，可以用做多种装饰，如小型花门及植物攀爬架、花篱等。

一季开花的品种有法国蔷薇系及白玫瑰系、苔蔷薇系、百叶蔷薇系等叶片纤细优美的品种，还有许多花量多的品种。

红衣主教黎塞留
Cardinal de Richelieu
系统：法国蔷薇系（G）
育出国：法国
攀缘：300 厘米
花径：5 厘米

名花，花色从深紫红色向蓝紫色过渡，十分艳丽。几乎无刺，盛开时宛如花海一般，姿态完美无瑕。
（→参考 P35）

法国蔷薇亦可入药
原生于法国南部的法国蔷薇自古以来就被法国人用作药材，它的别称是"Apothecary's rose"，在拉丁语中就是"药"的意思。蔷薇的花香对于女性的身心都有很强的治愈作用。

变色蔷薇

　　有些品种伴随着不同的开放程度，花瓣颜色会跟着改变，这是由于花青素的生物合成产生的影响。中国月季中的变色月季（左图）在刚开花时是奶油色，但随后会随机变成淡橙红色至深粉色。

利用蔷薇花香治愈身心的芳香疗法理念

大部分现代月季的成分中都含有茶香月季的芳香因子。这一芳香因子十分清新，带有香水月季系典型的香气。据研究发现，它的镇静效果是以助眠和缓解精神紧张而闻名的薰衣草精油及佛手柑精油的 4~5 倍，在其他的花草中，也尚未发现比茶香月季芳香因子的镇静效果更高的香调。

蔷薇品种不同，所含的这种芳香因子也不同，几乎在所有用于香水的天然精油中都不含有这种芳香因子，可以说它是新鲜蔷薇花独有的成分。

一直以来，嗅觉不像味觉和视觉那样被人重视，可以说关于这一领域的研究一直停滞不前，不过在地球上大约有 40 万种香味，即使是一般人也有能力通过嗅觉分辨出 2000~4000 种香味。狗是公认的鼻子灵，它能通过嗅觉分辨出的香味在 1000 种左右，这样就能看出，与颇受局限的味觉相比，嗅觉充满着无数未知的可能。

而使嗅觉充分发挥作用的就是芳香疗法。所谓芳香疗法，就是通过闻香缓解压力、调节自由神经，产生令人放松的效果等。茶香月季芳香因子的香气能够舒缓 PMS（经前综合征）与更年期障碍等导致的激素水平紊乱，平复情绪，最近有研究报告称它还能起到抗抑郁作用。

现在我们已经知道，即使不使劲闻香气也能传递到神经，因此哪怕只是在客厅或卧室摆上 1 枝蔷薇，也能沐浴芬芳，治愈身心的效果十分值得期待。

世界首次将蔷薇香气分为 7 类

在分析了 1000 多种蔷薇之后结果显示，蔷薇的香调分为 7 种，所有的蔷薇香调都是这 7 种中的某一种，或是由某几种组成的。而现代蔷薇继承了古代蔷薇的香气 DNA，衍生出更为复杂深厚的香调。

在香气中浮现的回忆——嗅觉促进大脑活性化

你也曾经有过这种经历吧，在闻到某种香气时突然回想起过去的回忆。这是因为香气与记忆有紧密的关联。嗅觉不同于其他的五感，在闻到香气时它会直接作用于大脑边缘系，在辨认出是哪种香气前首先发起联想反应——是喜欢的香味还是讨厌的香味、是好闻的还是不好闻的。因此，人们认为嗅觉是最原始的五感，是最本能的感觉。相反，研究也证实了，如果罹患痴呆症，最先失去的就是对于香气的感知。

如果方法得当，嗅觉是可以越用越灵敏的，因此即便是在日常生活中也要敏感地感知风雨、草木的香调等，使大脑得到运转，这样还能够促进大脑的活性化。

蓬田胜之，蔷薇香气研究家，香料化学家，是世界首位将现代蔷薇香调分为 7 种的香料分析专家。他在 1965 年进入资生堂研究所，从事花香的香料分析研究工作。在 2005 年辞去这份工作以后，成为 NPO 蔷薇文化研究所理事。2010 年就任蓬田蔷薇香调研究所株式会社的董事研究所长。著有《蔷薇的香水》（求龙堂出版）等书。

● **大马士革古典香型**
　具有强烈的甜香,令人感觉芳醇,是古典型的蔷薇香调。

● **大马士革现代香型**
　继承了大马士革古典香型的特点,香调充满热情又高雅。

● **茶香型**
　在现代月季中最为常见,是高雅的主流香调。

● **水果香型**
　这种香调令人联想起桃子与杏等水果。

● **蓝香型**
　大马士革现代香型与茶香型的芳香成分夹杂在一起的独特香调。

● **辛辣型**
　像公丁香一般辛辣,既强烈又温暖的香调。

● **没药香型**
　令人联想到青草的气息,香调类似于香料中的茴芹(茴香)。

邂逅古典玫瑰

今井秀治

我为园艺杂志拍摄花朵写真，至今已经有 25 年了。

最初我只是拍摄刊登在杂志版面上的四季花朵，但不知从何时开始我逐渐迷上了拍摄蔷薇，现在连杂志社的编辑们都知道"今井是热爱蔷薇的摄影师"了。

20 世纪 90 年代，花园潮来袭，人们开始青睐英式庭院和蔷薇园。已故的藤本月季专家村田晴夫精心打造的庭院广受喜爱。每到蔷薇盛开的季节，我都会造访他的庭院去拍摄，也许就是从那时开始，我对于蔷薇的热爱之情变得一发而不可收拾了吧。

有一天我去拜访高木绚子老师家中的庭院拍摄园艺杂志写真，她是被称为高木夫人的蔷薇达人，50 年来不断钻研蔷薇栽培。

老师的庭院位于东京武藏野的住宅区，十分宽阔，一到 5 月份就洋溢着蔷薇的香气。藤本月季缠绕在花篱、墙壁和藤架上，中央种植着色彩缤纷的杂交茶香月季，在庭院尽头则打造有古典玫瑰专区。

穆丽根尼蔷薇

Old Roses

那天我的拍摄目标是杂交茶香月季，然而我一举起相机就不自觉地对准古典玫瑰，这是我第一次看到它们，它们就像是小小的仙子一般。

"蒙特贝罗公爵夫人""拿破仑的帽子"两旁种着"约瑟芬皇后""玛丽路易斯"等，各种有名的古典玫瑰争奇斗艳，这其中一下子将我迷倒的便是"伊希斯女神"。

它那柔嫩的粉色花瓣似乎闪闪发光，中心部分晕染着淡淡的黄色，在8厘米左右的精致花朵旁、包裹着可爱的瓣状萼的花苞含苞待放。就连那淡绿色的小叶片也美不胜收，完美无瑕的古典玫瑰直至今日也是我的最爱。

这一品种是在1845年由比利时的育种家帕蒙蒂耶培育出来的。早在150多年前就已经有这样美丽的蔷薇诞生了，我对此感到惊奇不已。它的存在至今依然令古典玫瑰迷们感到心驰神往。

每当5月份蔷薇开始绽放，我的心便一直被古典玫瑰所占据。我四处寻访蔷薇园进行拍摄，如果碰到喜欢的品种正好开放，便欣喜若狂不能自已，我总是在追寻与新的蔷薇邂逅并按下快门。

伊希斯女神

威廉洛博

William Lobb

Bell Isis

今井秀治，园艺摄影家，生于东京。曾就职于赤坂工作室，后转为自由摄影师。擅长拍摄蔷薇及铁线莲、铁筷子、庭院摄影等。著有《英国家庭的200个园艺创意》（BISES出版）、《追寻英国蔷薇》（主妇与生活社）、《打造美丽花园》（家之光协会）等多本书。每年由主妇之友社发售的"园艺蔷薇日历"也广受好评。

法国蔷薇系

古典玫瑰

法国的荣耀
Gloire de France

四分莲座型

　　花型优美、外瓣颜色呈渐变浅色。由于其花茎细、花瓣极密，所以一淋雨花朵就会变重、枝条下垂，容易受伤。不喜潮湿，因此推荐盆栽法。

攀缘400厘米·花径8.5厘米

蒙特贝罗公爵夫人
Duchesse de Montebello

四分莲座型

　　花型优美、花量多，园艺效果极佳。植株强壮、叶片粗糙是法国蔷薇系独有的特点。枝条柔软、攀缘性强，很好打理，可以种植在窗边做装饰。

攀缘300厘米·花径6厘米

创始人
Rosa gallica conditorum

半重瓣型

　　花色为红色，树型比"药剂师蔷薇"更为直立一些，枝条也粗一些。有细刺，像砂纸一样的叶片是法国蔷薇系独有的特征。

攀缘250厘米·花径8厘米

伊希斯女神
Belle Isis

四分莲座型

　　优美、整齐的花型十分引人注目，花量也较多。花枝短、花朵重，因此会横向扩张。在法国蔷薇系中算是刺多的品种，但是株型非常简练优雅。

攀缘250厘米·花径6.5厘米

阿加特·茵克拉纳塔
Agathe Incarnata

绒球型

　　花瓣由淡粉色渐变为白色，显露出纽扣心。是法国蔷薇系与大马士革玫瑰系的杂交种，大马士革系的香气极为强烈。耐寒性强，只要在冬季轻剪一下就能增加花量。

攀缘200厘米·花径5厘米

三色德弗朗德尔
Tricolore de Frandre

绒球型

　　粉紫色花瓣上带有仿佛扎染一般的白色条纹。花型由杯型转为莲座型，最后变为绒球型。少刺、树势稍显单薄，但如果种植在半阴环境中则花色鲜艳且开花时间持久。

攀缘250厘米·花径4厘米

约瑟芬皇后
Empress Josephine

圆瓣平展型

　　这一品种十分优美，拥有柔嫩如丝绸波纹一般的花瓣与独特的花容。细枝柔韧、呈半扩展性。春季开花前偶发白粉病，请留意防治。

攀缘200厘米·花径8厘米

曲折 *Complicata*

单瓣平展型

　　花径大但单薄的单瓣花。攀缘性强、少刺，易于打理。至花期末尾时易发黑星病，需留意。开放后保留花蒂，秋季可赏果实。

攀缘400厘米·花径8.5厘米

红衣主教黎塞留 *Cardinal de Richelieu*

杯型

美丽的深紫红色不久后就会转为蓝紫色。数朵花成簇开放，花量多。攀缘性适中，枝条柔软易弯曲，很适合做牵引。对于黑星病的抵抗力稍弱，不过病情蔓延速度缓慢。

攀缘300厘米·花径5厘米

米尔斯的夏尔 *Charles de Mills*

四分莲座型

深紫红色的花瓣层层叠叠、花径大，看起来雍容华贵。香气佳、洋溢着古典玫瑰的情调，枝条纤细、长势旺盛，开花时枝条会下垂。

攀缘250厘米·花径8.5厘米

暮色 *Camaïeux*

杯型

在法国蔷薇系中，很多品种的花瓣上都带有仿佛扎染一般的条纹，其中暮色这一品种尤为美丽、优雅。进行冬季修剪在一定程度上能够调整植株大小、使其枝条整齐美观，因此在局促的空间内也能够栽培。

攀缘400厘米·花径7.5厘米

紫玉 *Sigyoku*

绒球型

伴随着开放，紫色会愈发艳丽，最后绽放出绿心。枝条极易分枝、扩张性强，在局促的空间内也会开花。耐寒性强，即使种植在半背阴处也能长得很好。

攀缘300厘米·花径4.5厘米

药剂师蔷薇
Rosa gallica officinalis

半重瓣型

这一品种与古代的法国蔷薇非常接近。在英国的红白玫瑰战争期间曾被作为兰开斯特家族的家徽。植株在幼小时期施肥过多易导致白粉病，不过成长苗壮以后不施农药也不易致病。

攀缘250厘米·花径8厘米

完美的阴影 *Ombrée Parfaite*

杯型

初绽放时呈显眼的紫红色，最终变为蓝紫色，颜色的过渡、晕染十分美丽。枝条纤细、长势旺盛，可以栽培出饱满的植株。春季易发白粉病，请注意防治。

攀缘200厘米·花径4厘米

35

白玫瑰系

丹麦女王
Königin von Dänemark

四分莲座型

颜色为深粉色，在白玫瑰系中十分罕见。坚韧挺拔的枝条攀缘性极强，因此即使做牵引也可以进行轻剪，使其呈直立性灌木状。香气怡人，与其饱满美丽的花型十分相称。

攀缘300厘米·花径8厘米

白色千里马 *Alba Maxima*

圆瓣重瓣型

花苞为淡桃粉色，绽放时由乳白色慢慢变为纯白色。与枝变异的"半重瓣白蔷薇"相比，它的叶片颜色更明亮、花瓣也更多。这一品种非常茁壮，在半背阴处也可以栽培，抗病性、耐寒性俱佳。

攀缘300厘米·花径7厘米

霞光 *Celestial*

平展型

清透的粉色花瓣与青灰色的叶片搭配在一起十分美丽。初绽放时为杯型，逐渐变为平展型。直立性树型，株型端正。耐寒性强，即使在贫瘠的土地上或半背阴处也能够生长。

攀缘200厘米·花径8厘米

半重瓣白蔷薇
Alba Semi-plena

半重瓣型

这一品种被人们公认为最接近古代的"白玫瑰"，还曾被波提切利描绘在名画作《维纳斯的诞生》中。香气清新，多果实。树势旺盛，耐寒性、抗病性俱佳。

攀缘300厘米·花径7.5厘米

普兰蒂尔夫人
Mme. Plantier

莲座型

叶片颜色鲜亮，与一般的白玫瑰相比别具情趣。半蔓性、在白玫瑰系中长势最为旺盛，可以利用花篱等进行牵引，在盛开时能欣赏到瀑布般优美的花容。

攀缘400厘米·花径6.5厘米

雷格拉夫人
Mme. Legras de St. Germain

莲座型

花瓣层层叠叠、花色纯白，看起来非常清爽。叶片具有白玫瑰系独有的特征——纤细、无光泽、叶裂明显。枝条无刺，抗病性、耐寒性俱佳，天然树型亦十分美观。

攀缘250厘米·花径7厘米

菲力司特·帕拉米提尔
Felicite Parmentier

四分莲座型

花容饱满而美丽、花瓣数约达 80 片之多，边缘颜色浅、越靠近中心部分颜色越深，给人以柔美的印象，同时又是一种茁壮的品种。通过轻剪能够使凌乱疯长的枝条自然下垂，供人欣赏到清新的风格。香气极佳。

攀缘200厘米·花径5.5厘米

巴伐利亚王国的苏菲
Sophie de Baviere

四分莲座型

花色为深粉色，在白玫瑰系中十分罕见。花量极多，几乎无刺。长势旺盛，可以作为藤本月季来栽培。最好是牵引在窗户四周或是藤架上用来作装饰。

攀缘350厘米·花径6.5厘米

克洛里斯 *Chloris*

莲座型

中心部分为稍深一些的粉色。枝条略硬挺，但无刺、易打理。抗病性强、植株茁壮，即使在半背阴处也可栽培。其花名得名于出现在希腊神话中的女神之名。

攀缘250厘米·花径6.5厘米

少女的羞赧 *Great Maiden's Blush*

四分莲座型

花朵大小适中、数朵花成簇开放，开放时间持久。花容与"少女胭脂"极为相似，但整体上要比其略大一些。耐寒性、抗病性俱佳，即使在半背阴处也能够栽培。

攀缘300厘米·花径8厘米

白冻糕绒球
Pompon Blanc Parfait

绒球型

花名含义为"完美的白色绒球"。初绽放时为淡粉色，花期将尽时变为纯白色。长势旺盛，耐寒性强。株型紧凑、端正，亦适合盆栽。

攀缘300厘米·花径3厘米

少女胭脂
Maiden's Blush

莲座型

淡粉色花瓣搭配上青绿色叶片十分美丽。花名的含义是"少女的红晕"。耐寒性与抗病性俱佳。花朵比"少女的羞赧"要小一圈。

攀缘250厘米·花径7.5厘米

大马士革玫瑰系

塞斯亚娜 *Celsiana*

杯型

淡粉色花瓣在金黄色雄蕊的映衬下分外美丽。伴随开放花瓣会逐渐褪色，并且由杯型变为平展型。香调属于辛辣型的大马士革玫瑰香。一季开花性，但花期持久，抗病性、耐寒性、耐阴性俱佳。

攀缘250厘米·花径8厘米

伊斯法罕 *Ispahan*

四分莲座型

花型伴随开放逐渐变为绒球型，花量多、开放时间持久，香气馥郁。少刺，耐寒性、抗病性俱佳，易栽培。花名得名于古波斯（现在的伊朗）的古城名。

攀缘300厘米·花径6厘米

玛丽·路易斯 *Marie-Louise*

四分莲座型

深桃粉色花瓣带有浅浅的细条纹。花蕊为绿心。直立性、植株苗壮，但易患白粉病。这一品种是拿破仑的妻子约瑟芬皇后在马尔梅松城堡命人培育出的、最初的大马士革玫瑰。

攀缘250厘米·花径7厘米

娇小莉塞特 *Petite Lisette*

莲座型

花朵美丽而整齐、呈莲座型，花量极多，植株上下开满花。并且由于其株型紧凑、端正，因此适合与其他品种混种在花坛中，或是盆栽。植株苗壮，即使在贫瘠的土地上也能够生长。

攀缘250厘米·花径5厘米

哈迪夫人 *Mme. Hardy*

莲座型

纯白色的古典玫瑰、极为美丽，得到人们的高度赞扬，绿心也是其魅力之一。香气馥郁，带有柠檬的气味。枝条柔韧，呈半扩张性，需要支柱牵引，但株型十分饱满。耐寒性强。

攀缘300厘米·花径9厘米

赫柏之杯 *Hebe's Lip*

半重瓣型

花型伴随开放由杯型变为半重瓣型，成簇开放。花容素朴，在古典玫瑰系中极为罕见。多刺，枝条呈藤蔓状生长。花名含义为"青春女神的酒杯"。

攀缘300厘米·花径7.5厘米

塔伊夫玫瑰
Rosa damascena trigintipetala

莲座型

柔嫩的粉色花瓣呈波浪状。其馥郁的大马士革玫瑰香自古就为人们所喜爱，现在仍在保加利亚被当作香料种植。枝条呈放射状生长，能攀爬至近3米高处，因此适合用植物攀爬架等做牵引。

攀缘250厘米·花径8厘米

四季（秋季大马士革）
Quatre Saisons

作为西洋玫瑰中唯一一个反季开花的大马士革玫瑰品种，自古以来就被人们所栽培，不过反季开花的花量不多。芳纯的大马士革玫瑰香令人迷醉。植株能自立。

攀缘250厘米·花径7厘米

约克与兰开斯特
York and Lancaster

花瓣上带有白粉色扎染状条纹，但有时不那么分明。花量极多。花名源于红白玫瑰战争的两个家族，红玫瑰代表兰开斯特家族，白玫瑰代表约克家族。

攀缘250厘米·花径7厘米

丽达 *Léda*

白色花瓣的边缘带有明显的红色镶边，花蕊是纽扣心。抗病性、耐寒性俱佳，是茁壮的品种。叶片形状圆润，植株在大马士革玫瑰系中算是较为整齐的。

攀缘250厘米·花径6厘米

红缎 *Blush Damask*

花色为粉紫色，花量极多，丰茂的枝叶也十分美丽。枝条略为硬挺，不弯曲也能开很多花，适合种植在窗边、花盆等显眼的地方，或是牵引做成花门。

攀缘250厘米·花径5厘米

佐特曼夫人 *Mme.Zöetmans*

中心部为淡粉色，绿心若隐若现。花量大，花期较早。枝条纤细、容易弯曲，因此也适合栽培在狭窄的场所，或是牵引做成花门、花塔。

攀缘200厘米·花径6厘米

布鲁塞尔市 *La Ville de Bruxelles*

中心部为略深的粉色，伴随开放逐渐褪色，并且变形为纽扣心。直立性树型、粗枝多生，虽然植株较大丛但却显得有些凌乱。较易患白粉病。

攀缘300厘米·花径8厘米

五月玫瑰 *Rose de Mai*

这一品种现在在法国仍被大量种植，用作香料。少刺，长势旺盛。花期早。半直立性树型。

攀缘300厘米·花径8厘米

冬日玫瑰 *Rose d'Hivers*

刺极少，在大马士革玫瑰系中极为罕见。枝叶呈明亮的绿色。枝条略长、花朵在开放时略微下垂，因此可以牵引做成花门或植物攀爬架，欣赏其娇弱的风情。

攀缘250厘米·花径6厘米

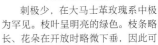

苔蔷薇系

古典玫瑰

米里奈伯爵夫人
Comtesse de Murinais

莲座型

　　花瓣带有极淡的粉色，花萼及萼筒上覆盖着绿色的苔藓状绒毛。多细刺，但易栽培，呈半藤蔓状，因此可以利用支柱牵引。别称"白色苔蔷薇"。攀缘250厘米·花径7厘米

莎莉特 *Salet*

莲座型

　　花型美丽，反季开花，但花量不多。苔藓状绒毛也较少，只有花萼下半部分长着很多。直立性树型，枝条扩张性不强，因此亦可自立于植物攀爬架旁或窗边。攀缘250厘米·花径7.5厘米

欧也妮·基努瓦索
Eugenie Guinosseau

杯型

　　鲜艳、润泽的玫红色十分美丽，香气佳。反季开花直至夏末。微微发红的苔藓状绒毛也很美，树型呈自立性、丛状形。攀缘250厘米·花径7.5厘米

日本苔蔷薇
Mousseux du Japon

半重瓣杯型

　　花如其名，在其花梗、叶柄、甚至花苞上都覆盖着苔藓状绒毛，即使在苔蔷薇中也是绒毛最多的品种。半直立性树型，枝条略粗、凌乱。攀缘250厘米·花径7厘米

约翰·英格拉姆船长
Capitaine John Ingram

重瓣型

　　高雅的栗红色花瓣与黄色雄蕊互相映衬，十分美丽。花朵大小适中，2~3朵成簇开放，花量多。枝条纤细，且覆盖着微微发红的苔藓状绒毛。攀缘200厘米·花径7厘米

拿破仑的帽子
Chapeau de Napoléon

莲座型

　　花萼发达，人们将其花形比作拿破仑的帽子。3~5朵花成簇开放，开放时恰到好处地下垂，花期长。花瓣极为娇嫩、易损伤，因此在栽培时要注意避雨。攀缘300厘米·花径7厘米

白花苔藓百叶蔷薇
Shailer's White Moss

四分莲座型

　　白色中带有淡淡的粉色，花瓣上偶见粉色扎染状条纹。花萼及萼筒上覆盖着绒毛，枝条上有细刺。枝条虽然稀疏，但能长得很长，易栽培。攀缘300厘米·花径8厘米

悲伤的保罗·方丹
Deuil de Paul Fontaine

四分莲座型

　　反季开花性，香气馥郁。枝条上因覆盖着棕红色的苔藓状绒毛而坚硬、直立，不过长势却出人意料的旺盛，因此可以利用植物攀爬架或墙面进行牵引。花名含义是"保罗·方丹的哀悼"。攀缘250厘米·花径8厘米

青年人之夜
Nuits de Young

莲座型

　　伴随开放，暗紫红色的花瓣会变成明艳的紫色。直立性树型，株型紧凑、整齐，也很适合盆栽。春季花梗处的绒毛易生白粉病，请注意防治。攀缘200厘米·花径6.5厘米

詹姆斯·米切尔
James Mitchell

莲座型

　　花朵娇小但花型端正，枝条纤细。盛开时花朵开满枝头，因此可以牵引做成花门或花塔等，这样看起来十分美丽、极具观赏价值。植株苗壮，耐寒性强。

攀缘250厘米·花径5厘米

亨利·马丁 *Henri Martin*

平展型

　　鲜艳的深紫红色伴随开放逐渐褪色。花量多，呈半扩张性、长势旺盛。抗病性、耐寒性俱佳，是苗壮的品种。枝条会由于花的重量而下垂，因此可以牵引做成花门等。

攀缘300厘米·花径7厘米

四季白花苔蔷薇
Quatre Saisons Blanc Mousseux

莲座型

　　被认为是"四季"的枝变异品种，具有古老玫瑰品种独有的韵味。宽大的青绿色叶片是其特征，花萼及花苞覆盖着绿色绒毛，花茎覆盖着茶色绒毛。

攀缘300厘米·花径6厘米

路易斯·吉马尔 *Louis Gimard*

莲座型

　　花瓣为玫粉色、中心部分颜色最深，花量极多。被发红的绒毛所覆盖，多分枝，这在苔蔷薇中十分罕见。修剪后也可以牵引做成花门。

攀缘250厘米·花径6.5厘米

丝绸 *Mousseline*

半重瓣型

　　花容优美，花色为淡淡的杏色。花量虽然不多但是会四季开花，这在苔蔷薇中十分罕见。需要注意抗病性较弱，但因长有细刺、花苞上覆盖着绒毛，所以不易生蚜虫。

株高120厘米·花径7.5厘米

黑小子 *Black Boy*

杯型

　　花色为深黑红色，伴随开放逐渐变为深紫红色。从花萼至花梗全都覆盖着绒毛。枝条多刺，稍显凌乱。可以通过牵引的方式打造出藤本月季的观赏效果。

攀缘300厘米·花径8厘米

威廉·洛搏 *William Lobb*

莲座型

　　花色为深紫红色，伴随开放逐渐变为略微发灰的蓝紫色。长势旺盛、攀缘性强，枝条柔韧，因此可以随心所欲地牵引至任何方向。这一品种十分苗壮、抗病性强，即使在半背阴处也能栽培。

攀缘350厘米·花径7厘米

苔藓蔷薇
Rose centifolia muscosa

杯型

　　花朵硕大，枝条及花苞上覆盖着发红的绒毛。据说这一品种是最早的苔蔷薇，但也有人说它们根本不是同一品种。直立性树型、多小枝。

攀缘250厘米·花径6.5厘米

白色莫罗 *Blanche Moreau*

四分莲座型

　　白色花朵与深绿色叶片交相辉映，十分美丽。长有独特的栗色绒毛，具有苔蔷薇的典型特征——花苞上长有细刺。拥有优美的深绿色叶片，可以当作庭木种植在庭院里。

攀缘250厘米·花径7厘米

古典玫瑰

百叶蔷薇系

方丹·拉图尔 *Fantin-Latour*

四分莲座型

花型伴随开放由杯型变为四分莲座型。与古典的百叶蔷薇不同，这一品种少刺、攀缘性强，是长势旺盛的大型品种。耐寒性强，即使在半背阴处也能够生长。需留意白粉病。

攀缘300厘米·花径8厘米

洋蔷薇 *Rosa centifolia*

杯型

虽说这一品种的花瓣数没有100片之多，但香气馥郁、花容优雅，是百叶蔷薇的基础品种。自立性株型，枝条比较整齐。冬季不要强剪，否则花量会减少。

攀缘250厘米·花径6.5厘米

勃艮第绒球 *Pompon de Bourgogne*

莲座型

花朵娇小可爱，伴随开放由球球型变为莲座型。花虽小香却浓。植株矮小、枝条齐整，适合盆栽。易生叶蜱，请留意预防干燥。

株高120厘米·花径2厘米

白色普罗旺斯 *White Provence*

莲座型

是"洋蔷薇"的白花品种，花蕊可见绿心。盛开过后花瓣卷曲变为菊花型。需要留意预防白粉病，不过也算是略茁壮的品种。

攀缘250厘米·花径6.5厘米

莫玫瑰 *Rose de Meaux*

莲座型

花朵娇小，伴随开放逐渐变为淡粉色。花量多，开放时间持久。枝条纤细、逐枝开花，盛开时宛如瀑布般美丽无比，但也由于密生的缘故，病害容易蔓延。

株高150厘米·花径3厘米

乡村少女 *Rosa centifolia variegata*

莲座型

白色花瓣上带有玫粉色扎染状条纹，即使是在条纹品种中也能艳冠群芳。花蕊可见纽扣心。攀缘性强、多刺，打理起来稍有些费事。香气馥郁。

攀缘300厘米·花径7厘米

朱诺 *Juno*

莲座型

花色为淡粉色，花蕊可见绿心，十分美丽。由于花瓣层层叠叠，所以有时会被雨打伤。花朵大、花茎长，因此可以将枝条牵引至高处仰望欣赏。

攀缘300厘米·花径8厘米

白色之花 *Blanche Fleur*

杯型

花苞透着红色，但一旦开放就会变为纯白色花朵。花量多，花茎短，开放时间持久。花容华美，比"白色普罗旺斯"更甚。

攀缘250厘米·花径7.5厘米

上席朵妮 *Sydonie*

莲座型 反

与同属波特兰玫瑰系的"雅克·卡地亚"相似，但花色比其稍深一些，香气怡人。虽然是反季开花性但攀缘性也很强，因此最好在开花前进行牵引。

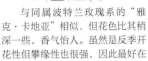
攀缘250厘米·花径7厘米

阿玛迪斯 *Amadis*

半重瓣型

这一品种还保留着庚申月季的典型特征，花色为玫红色、中等大小。是早开的藤本月季，枝条完全无刺，易打理。长势旺盛、花量多，与和风庭院十分相称。

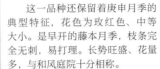
攀缘350厘米·花径6.5厘米

腮红布尔索
Blush Boursault

半重瓣型

透薄的花瓣上带有褶皱，纤弱而美丽。伴随开放由杯型变为平展型。早开，少刺。由于其主干少，所以在牵引时可以利用上部的分枝。

攀缘350厘米·花径5.5厘米

中帕拉贝尔的桑西夫人
Mme. Sancy de Parabére

莲座型

拥有触感如同丝绸一般的润泽花瓣，花色为粉色。早开，完全无刺，枝条略微发红、十分美观，这是波尔索月季系独有的特征。虽然花朵经不起风雨，但是植株苗壮、易栽培。
攀缘400厘米·花径8.5厘米

桑萨尔的亚瑟
Arthur de Sansal

莲座型

花容端庄、深紫红色花朵伴随开放逐渐变为蓝紫色。反季开花频繁。植株矮小、端正，但由于其叶片茂密，所以要留意下雨时溅起的泥点导致黑星病。

株高100厘米·花径6.5厘米

香波堡伯爵
Comte de Chambord

四分莲座型   反

花苞要过好一段时间才开放，一旦开放就变为端正的莲座型。香气极佳。枝条呈半蔓性、成长后易趴地，因此最好利用植物攀爬架等做牵引。直至秋季时也常反季开花。

攀缘200厘米·花径7.5厘米

雅克·卡地亚
Jacques Cartier

四分莲座型   反

这一品种拥有非常端庄的莲座型花型，反季开花频繁，自古以来就受到人们的喜爱。在开花后将开过花的枝条截短一半左右，这样下次就能开更多花。能慢慢长到约1.5米高。

株高150厘米·花径7厘米

圣约翰的玛丽
Marie de Saint Jean

莲座型   反

透薄的白花瓣上仿佛涂着一层红色，伴随开放逐渐变为纯白。反季开花较频繁，一直开到夏末。可以先种植在小盆里，等长大了再讨盆。

株高180厘米·花径6.5厘米

雷士特玫瑰 *Rose de Rescht*

莲座型   多

伴随开放花色由深玫红色变为紫红色、花型由莲座型变为花瓣凸起的绒球型。从夏季开至晚秋，多次开花，但生长速度缓慢。耐寒，在半背阴处也能生长得很好。
株高150厘米·花径5.5厘米

波旁玫瑰系

凯瑟琳·哈罗普 *Kathleen Harrop*

半重瓣型

这是"瑟菲席妮·杜鲁安"的枝变异品种。同样无刺，枝上开满花，有少量反季开花。香气佳。攀缘性强，因此可以靠墙种植，十分美观。

攀缘300厘米·花径7厘米

雪球 *Boule de Neige*

杯型

花如其名，花瓣层层叠叠，开放时下垂。少刺，攀缘性较强，可以利用墙壁或藤架等做牵引。如果在气候温暖、光照充足的环境里种植，花量惊人。

攀缘350厘米·花径6厘米

维多利亚女王
La Reine Victoria

杯型

是波旁玫瑰系中的代表性品种。第二次反季开花时花量依然很多，但是入秋后就变得稀稀落落，直立性树型。在高温、潮湿季节要留意预防黑星病，定期喷洒农药。

攀缘350厘米·花径6厘米

维多利亚公主
Kronprinzessin Viktoria

重瓣型

这是"纪念马美逊"的枝变异品种，花瓣中心为乳白色，花量多。树型偏向于扩张性。不耐湿，要留意预防白粉病与灰霉病。

株高100厘米·花径9厘米

鲜艳 *Vivid*

杯型

花瓣表面为鲜艳的紫红色，背面稍浅一些。开放时易下垂，香气极佳。少刺，枝条攀缘性强。由夏至秋都有反季开花。

攀缘300厘米·花径7厘米

纪念马美逊
Souvenir de la Malmaison

四分莲座型

四季开花性，花容极美，是波旁玫瑰系中的代表性品种，150多年以来一直受到人们的喜爱。花量多，扩张性强，长势旺盛。抗病性较弱，适合种植在光照充足、通风良好的场所。

株高100厘米·花径9厘米

波旁皇后
Bourbon Queen

杯型

粉紫色花瓣带着若有若无的条纹，花量极多。从上一年枝条的芽点处开花，因此盛开时非常壮观。作为藤本月季种植在花篱边或是窗边，十分美观。秋天的果实也很有韵味。

攀缘400厘米·花径7厘米

路易·欧迪 *Louise Odier*

莲座型 反

数朵花成簇开放，花量较多。在波旁玫瑰系中攀缘性属最强，无刺、易于打理。即使强剪到很短也能稳定地开花。抗病性较弱，需要定期喷洒农药。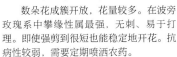
攀缘400厘米·花径6厘米

奥诺琳布拉邦 *Honorine de Brabant*

杯型 反

花朵中等大小，带有紫色扎染状条纹，枝条少刺，易于打理。偏向于直立性树型，能长至约2.5米高。从绽放到盛开要花费不少时间，不过明亮的绿叶看起来非常清爽、美观。
攀缘250厘米·花径6厘米

吉普赛男孩 *Gipsy Boy*

圆瓣平展型

随开放花色由深紫红色变为紫色。花量多，秋季大量结果、十分壮观。偏向于扩张性树型，多刺。枝条呈藤蔓状、攀缘性极强，因此适合用花篱等做牵引。
攀缘350厘米·花径5厘米

瑟菲席妮·杜鲁安 *Zéphirine Drouhin*

半剑瓣平展型 反

玫红色花瓣偶呈波浪状，花量多，芳香怡人。花枝短，开满整个植株，非常美观。枝条无刺，呈藤蔓状攀缘。需留意预防病害。
攀缘300厘米·花径7厘米

伊萨佩雷夫人 *Mme. Isaac Pereire*

莲座型

花朵在波旁玫瑰系中属最大。春季开花量惊人。攀缘性强、新梢发枝频繁，能长得很高大。需要定期喷洒农药，由于树势旺盛，所以要控制施肥。
攀缘400厘米·花径8.5厘米

纪念圣安妮 *Souvenir de St. Anne's*

半重瓣型 四

这一品种是"纪念马美逊"的枝变异，瓣数少，不易被雨淋伤。成簇开放、花量多，反季也开花。植株矮小，最适合盆栽。
株高100厘米·花径9厘米

抓破美人脸 *Variegata di Bologna*

杯型

白色花瓣上带有深玫红色扎染状条纹，十分美丽，花量也极多。在条纹品种中也算是极为耀眼、艳冠群芳的。半扩张性，柔韧的枝条能长至约3米高。要留意预防病害。
攀缘350厘米·花径6厘米

皮埃尔欧格夫人 *Mme. Pierre Oger*

杯型 反

这一品种是"维多利亚女王"的枝变异，白色花瓣的边缘晕染着粉色，极为美丽。栽培时的难题是淋雨后容易产生斑点。反季开花频繁，可以当作藤本月季来种植。
攀缘350厘米·花径6厘米

杂交长春月季系

费迪南皮查德
Ferdinand Pichard

杯型

粉色花瓣上带有深红色扎染状条纹，雍容华美。枝条偏扩张性，不论是牵引还是强剪都不影响开花。于20世纪培育，也有人将其分类于波旁玫瑰系中。　攀缘300厘米·花径7厘米

摩洛哥国王
Empereur du Maroc

四分莲座型

黑红色花瓣层层叠叠，花量极多，香气馥郁。攀缘性强，因此可以当作藤本月季来栽培。花瓣容易晒焦。需要留意预防各种病害。　攀缘300厘米·花径6厘米

艾尔弗雷德·哥伦布
Alfred Colomb

重瓣型

绯红色大花朵伴随开放隐约透出蓝紫色。反季开花频繁，枝条略硬挺，适合攀缘墙面生长。不太害怕淋雨，但更喜欢干燥温暖的气候。　攀缘350厘米·花径8厘米

纪念贾博士
Souvenir du Dr. Jamain

杯型

花朵质感像天鹅绒一般，伴随开放由杯型变为莲座型。从上一年枝条的芽点处开花，枝条更新快，因此耐强剪。枝条几乎无刺，需要留意预防病害。　攀缘300厘米·花径7厘米

紫罗兰皇后
Reine des Violettes

四分莲座型

伴随开放透出蓝紫色的花色与花型独具魅力。秋季也会反季开花，不论是牵引，还是强剪，都不影响开花。枝条几乎无刺，易于打理。需要留意预防各种病害。　攀缘250厘米·花径6厘米

布罗德男爵
Baron Girod de l'Ain

杯型

花朵硕大，花瓣边缘带有白色镶边。在日本的气候条件下多生长成深玫红色，花量多、花茎短。可作藤本月季处理，要特别留意预防白粉病。　攀缘350厘米·花径9厘米

休·迪克森
Hugh Dickson

圆瓣环抱型

玫红色大花朵与现代月季极为相似这一点十分有趣，少量反季开花。枝条硬挺、大刺多，做牵引多少有些困难，但植株苗壮、易栽培，花朵艳丽夺目。　攀缘300厘米·花径10厘米

紫袍玉带 *Roger Lambelin*

莲座型

深玫红色花瓣呈波浪状，带有白色镶边。偏直立性树型、可长至约3米高，维持天然树型即可，花朵重量会令枝条下垂。如果是盆栽，在即将开花时将盆移至半背阴处，就能开出艳丽的花朵。　攀缘300厘米·花径7厘米

德国白 *Frau Karl Druschki*

半剑瓣高芯型

作为纯白色藤本月季自古以来受到人们的喜爱，亦是有名的杂交亲本。开放时间较短，但是不怕淋雨。易于牵引，株型饱满。抗病性较弱，因此需要定期喷洒农药。　攀缘400厘米·花径9厘米

亨利·尼瓦德 *Henry Nevard*

半重瓣型

　　是近年培育出的品种，花朵硕大、花瓣厚实，初绽放时为杯状、伴随开放外瓣逐渐翻卷，极为美丽。秋季也经常开花，半藤蔓状，因此可利用墙面等做牵引。需要留意预防各种病害。

攀缘250厘米·花径6厘米

牡丹月季 *Paul Neyron*

杯型

　　花瓣数多，华贵的花容与怡人的芳香极富魅力。直立性、枝条几乎无刺，做牵引后花量增多。秋季也会反季开花，旧名"阳台上的美梦"，为世人所爱。

攀缘300厘米·花径10厘米

维克的随想 *Vick's Caprice*

杯型

　　粉紫色花瓣带有白色及深粉色的扎染状条纹，花容雍容华贵、极为美丽。少刺，植株高时呈树状，矮时呈藤蔓状生长。稍有些不耐湿。

攀缘250厘米·花径8厘米

沙布里朗的塞西尔伯爵夫人
Comtesse Cecile de Chabrillant

杯型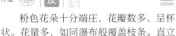

　　粉色花朵十分端庄，花瓣数多、呈杯状。花量多，如同瀑布般覆盖枝条。直立性树型，花茎硬挺、多小刺，有少量反季开花。

攀缘200厘米·花径5.5厘米

罗斯柴尔德男爵夫人
Baroness Rothschild

杯型

　　花色为淡桃粉色、略带银白色，花朵硕大，开放时间持久。直立性、新梢多，分枝频繁、枝条数多。秋季也会反季开花，但如果不修剪花量就很少。要留意预防白粉病。

株高100厘米·花径3厘米

约翰·莱恩夫人
Mrs. John Laing

杯型

　　花瓣层数多、香气佳，反季开花频繁。花梗短，开放时花朵仿佛就放在叶子上一般。直立性、少刺，打理时可以当作灌木性蔷薇来修剪。

攀缘200厘米·花径8厘米

艾伯特·巴贝尔夫人
Mme. Albert Barbier

圆瓣杯型

　　花色为浅杏色，在杂交长春月季系中十分罕见。春秋多花，夏季花量少。直立性、低矮且茂盛，多刺但枝条形态饱满。只要定期喷洒农药就能茁壮生长。

株高120厘米·花径8.5厘米

雅克米诺将军
Général Jacqueminot

圆瓣重瓣型

　　圆瓣、重瓣型，充分长成的植株上也有可能开出莲座型花朵。多根部抽枝，最好当作藤本月季来进行牵引。这个品种对于红色系现代月季的诞生有巨大贡献。

攀缘300厘米·花径6厘米

里昂的荣耀
Gloire Lyonnaise

圆瓣环抱型

　　花苞为粉色，绽放后花朵为乳白色。少刺，植株苗壮、易于打理。无花茎、朝上开放，因此很适合利用植物攀爬架等做牵引。叶片也带有香气。

攀缘300厘米·花径7.5厘米

诺伊斯氏蔷薇系

奥尔施塔特公爵夫人
Duchesse d'Auerstadt

杯型 | 反

乳黄色中隐约透出红褐色，花量多、开放时间持久，有反季开花。攀缘性强，可以当作藤本月季来打理，十分美观，也很耐修剪。甜甜的茶香惹人喜爱。

攀缘400厘米·花径8厘米

粉红努塞特 *Blush Noisette*

半重瓣型 | 反

10~20 朵淡粉色小花成大簇开放，花量极多。反季开花频繁，但如果想使其尽快长得高大，在夏季以后就要避免其开花。

攀缘250厘米·花径4厘米

席琳·福雷斯蒂尔
Celine Forestier

莲座型 | 多

花色为乳黄色，伴随开放逐渐变浅。多次开花、非常频繁，植株茁壮。枝条少刺，攀缘性强。新梢也发枝频繁，枝条柔韧、易于牵引。

攀缘300厘米·花径7厘米

黄铜
Desprez à Fleurs Jaunes

莲座型 | 反

混合色调极为美丽，乳黄色中混有浅杏色和桃粉色，花蕊可见纽扣心。在诺伊斯氏蔷薇系中算是攀缘性最强的品种，但枝条较稀疏。可以利用柔韧的枝条进行牵引。

攀缘500厘米·花径7厘米

暮色 *Crépuscule*

半重瓣型 | 反

高温时期花色中的黄色尤为鲜艳。展开型株型，如果在开阔的环境下栽培，维持其天然树型也很美。耐强剪，反季开花频繁。施肥过多易导致白粉病，请注意。法语名含义为"黄昏"。

攀缘300厘米·花径7厘米

阿利斯特·斯特拉·格雷 *Alister Stella Gray*

绒球型 | 反

花瓣颜色伴随开放由外至内逐渐变浅。约 20 朵花成簇开放，反季开花频繁。枝条少刺、一年比一年长，易于牵引。抗病性强，即使在半背阴处也能生长。

攀缘300厘米·花径7厘米

金之梦 *Reve d'Or*

半剑瓣型 | 反

色彩细腻，米色中带有淡淡的杏色。枝条稀疏但分枝频繁，长势旺盛、仿佛在空间中描绘出一条长长的弧线，可以利用墙面或较高的花篱等进行牵引。

攀缘350厘米·花径7厘米

细流 *Narrow Water*

半重瓣型　反

　　花色为粉紫色，大小适中，成大簇开放，盛开时十分壮观。枝条易于牵引，植株高大、生长速度快。耐寒性强，反季开花频繁，秋季开花后可赏果实。

攀缘400厘米·花径6厘米

千粉 *Champney's Pink Cluster*

半重瓣型　多

　　花苞为深粉色，绽放后花朵像重瓣樱花一样呈淡粉色。数朵花成簇开放，不怕淋雨。由春至秋多次开花，作为藤本月季被广泛用于各种场合。

攀缘250厘米·花径4厘米

拉马克将军 *Lamarque*

四分莲座型

　　藤本月季，美丽的白花中心晕染着乳黄色。是最早诞生的诺伊斯氏蔷薇之一，少量反季开花，攀缘性强。喜爱温暖的环境，在日本关东以西地区栽培花量较多。

攀缘400厘米·花径8厘米

卡里埃夫人 *Mme. Alfred Carrière*

杯型　反

　　米色略带淡桃粉色，花量多，带有茶香。攀缘性强、少刺，叶片颜色明亮。即使种植在半背阴处或是北侧墙根处也能生长。需要喷洒农药直至植株长高大为止。

攀缘500厘米·花径7厘米

普莱格尼馆
Pavillon de Prégny

杯型　反

　　粉色中略带紫色、中心花色深，圆溜溜的花型是其特征。花量较多，有反季开花。略呈扩张型，可在轻剪后利用小型植物攀爬架进行牵引。

攀缘250厘米·花径6厘米

克莱尔·雅基耶
Claire Jacquier

莲座型　一

　　花色为浅杏黄色，伴随开放逐渐变白，新芽带着红色。标准的藤蔓性品种，如果气候条件好能攀至约10米高处。少刺，带有茶香。

攀缘400厘米·花径3.5厘米

维贝尔之爱 *Aime Vibert*

绒球型　反

　　花苞透着红色，绽放后花朵为白色。花瓣层数多，花型为杯型，十分美丽。花期晚，可以说直到夏季才开放，在寒冷地区要到秋季才开放。枝条少刺，攀缘性强。

攀缘400厘米·花径6厘米

卡洛琳·马尔尼斯
Caroline Marniesse

绒球型　反

　　白色花朵微微透着粉色，虽小却可见纽扣心，花容惹人怜爱。反季开花直至秋末，在寒冷地区亦可栽培。扩张性强，枝条硬挺、植株茁壮，也很适合盆栽。

攀缘200厘米·花径6厘米

拿骚公主 *Princesse de Nassau*

半重瓣型　多

　　白色重瓣花朵未绽放时呈红色，入秋后又透出象牙色，尤为美丽。偏自立性，植株能长得很高大，多次开花直至初冬。叶片为明亮的绿色，耐寒性强。

攀缘300厘米·花径4厘米

中国月季系

路易斯·菲利普 *Louis Philippe*

圆瓣环抱型 四

花色为深红色，伴随开放逐渐透出紫红色、花瓣边缘变白。成簇开放，花量多。枝条纤细、精致，但分枝频繁，因此根据修剪株型可大可小。

株高120厘米·花径4厘米

粉妆楼 *Fen Zhuang Lou*

杯型 四

花色为淡粉色、越往中心部颜色越深，花瓣极密、花量也极多。株型矮小，半直立性树型，新梢频发。淋雨后有可能不开花，因此适合盆栽。

株高80厘米·花径6厘米

国色天香
Gruss an Teplitz

杯型 四

花色为深玫红色，花枝纤细，数朵花成簇开放，盛开时垂头，风情万种。既可以栽培成半藤蔓状，又可以栽培成灌木状。香气极佳。这一品种因曾受到宫泽贤治（日本诗人、作家）的钟爱而闻名于世，别称"日光"。

株高150~250厘米·花径7厘米

索菲的长青月季
Sophie's Perpetual

圆瓣杯型 四

外瓣的玫红色与内瓣的亮粉色相互映衬，十分美丽。盛开时垂头，几乎无刺。有甜香，呈扩张性、半藤蔓状，因此也可当作小型藤本月季来种植。

株高100厘米·花径6厘米

变色月季 *Mutabilis*

单瓣型 四

花色多变、非常稀有，单株便具有极高的观赏价值。多花性，从5月一直开至晚秋。枝条纤细柔韧、略带红色，呈半扩张性。耐寒性稍弱。

株高120~250厘米·花径6厘米

维苏威火山 *Le Vesuve*

剑瓣高芯型 四

细长的红色花苞是中国月季系独有的特征，花瓣数多、花色为粉色。枝条纤细柔韧、带尖刺，在低处扩张。耐寒性、抗病性俱佳，是茁壮的品种。

株高100厘米·花径6厘米

赤胆红心
Chi Dan Hing Xin

杯型 四

花瓣层层叠叠，越靠近边缘处玫红色越深，花型饱满。花量多，开花至初冬。半直立性的典型丛状形看起来很端正，十分适合种植在花坛或花盆里。

株高100厘米·花径6厘米

月月粉 *Old Blush*

  圆瓣杯型 　四

是中国传入欧洲的 4 种古月季之一。这一品种每 60 天开放一次，而现代月季很好地继承了这种四季开花性。外瓣呈现出较深的粉色，半直立性树型，植株茁壮。株型美观，易于栽培。

株高120厘米·花径4厘米

赫莫萨 *Hermosa*

杯型 　多

杯状花朵，中心呈莲座状。花朵朝上开放，花量多。半扩张性，枝条纤细而坚硬、分枝性好。多次开花直至初冬。

株高80厘米·花径4厘米

屏东月季
Hume's Blush Tea-scented China

杯型 　四

是中国传入欧洲的 4 种古月季之一，人们认为它是香水月季的祖先。花朵中心略带粉色，枝条纤细而精致，但长势旺盛而繁茂。

株高100厘米·花径6厘米

单瓣月月粉
Single Pink Chaina

  圆瓣单瓣型 　四

简单的单瓣花朵初绽放时为淡粉色，将凋谢时变为深粉色。多花性，四季开花性强，半扩张性树型。作为中国月季系中最基本的品种受到人们的关注。

株高120厘米·花径5厘米

葡萄红 *Pu Tao Hong*

  杯型 　四

很好地继承了庚申月季的特性，略带紫色的玫红色花朵十分鲜艳。在中国月季系中算是不怕雨水的品种。四季开花性型，长势旺盛，也可以通过轻剪使枝条长长，牵引做成花门。

株高100~250厘米·花径5厘米

淡黄
Parks' Yellow China

剑瓣高芯型 　一

在中国传入欧洲的月季中，这是唯一一个一季开花的藤蔓性品种。许多现代月季都继承了古月季淡黄色的色调与剑瓣高芯的花型。抗病性强。

攀缘400厘米·花径6.5厘米

月月红 *Rosa chinensis semperflorens*

  半重瓣型 　四

是中国传入欧洲的 4 种古月季之一，被称为最红的中国月季。枝条纤细、花茎长，因此开放时垂头。株型长势端正，因此也能盆栽。

株高60厘米·花径4.5厘米

迷你庚申月季
Rosa chinensis 'Minima'

   重瓣型 　四

这一品种是由庚申月季突然变异衍生出的袖珍品种，是微型月季的亲本。植株高约 20 厘米，花朵相继成簇开放。需要留意预防黑星病、叶蜱。

株高20厘米·花径2.5厘米

赛昭君 *Sai Zhao Jun*

  莲座型 　四

淡粉色与浅杏色交杂的花色。瓣质如同丝绸一般，花瓣交错在一起。花量大。枝条纤细、分枝频繁，植株高约 1 米，适合盆栽。

株高100厘米·花径8厘米

香水月季系

约瑟夫大公 *Archiduc Joseph*

莲座型  四

色彩复杂、粉色渐变橙色，外瓣翻卷、内瓣呈杯状、中心部呈莲座状的花型独具魅力。呈半藤蔓状生长，因此可以当作小型藤本月季来种植。

株高80~250厘米·花径7厘米

弗朗西斯·迪布勒伊 *Francis Dubreuil*

杯型 四

深黑红色花色与花型极富魅力，大马士革玫瑰香十分怡人，花量也多。花瓣边缘易焦。枝条多刺但坚硬、结实，偏扩张性，能长得很茂盛。

株高120厘米·花径8厘米

安娜·奥里弗 *Anna Olivier*

剑瓣平展型 四

柔媚的浅杏色花朵在开放时会微微下垂。少刺、枝条纤细，株型端正，十分适合盆栽。有一定的抗病性，但如果修剪过度会导致发育不良，请注意。

株高120厘米·花径7厘米

尼菲特斯 *Niphetos*

半剑瓣环抱型 四

是最古老的香水月季之一，乳白色圆瓣伴随开放逐渐变为半剑瓣环抱型。花量多，花期虽早但生长缓慢，不耐高温。隔几年疏枝一次即可，请避免强剪。

株高60厘米·花径6.5厘米

布拉班特公爵夫人 *Duchesse de Brabant*

杯型 四

花型呈圆杯状，十分美丽。花量多，从早春一直开到霜降时节。易得白粉病，但对黑星病抵抗力强。在日本旧名为"樱镜"，自大正时期起就为人们所喜爱。

株高100厘米·花径6厘米

安东尼玛丽夫人 *Mme. Antoine Mari*

剑瓣高芯型 四

花瓣边缘晕染着粉紫色。花色会根据季节变化，一直开放到初冬。酒红色的枝叶是其特征，枝条纤细、分枝频繁，易于种植在花坛中。

株高100厘米·花径6厘米

塞芙拉诺 *Safrano*

杯型 四

略带黄色的杏色伴随开放逐渐变浅。花枝纤细、次第开花，即使是在香水月季系中也算是多花性品种。分枝频繁，呈半扩张性、茂盛。植株茁壮，较为耐寒。日语名为"西王母"。

株高130厘米·花径8厘米

埃莉斯·瓦顿的回忆 *Souvenir d'Elise Vardon*

莲座型 四

春季和秋季花色不同。花瓣数多，淋雨后有时不能全开，但树势旺盛、花量多、植株很大丛，十分美观。枝叶与刺都呈现红色。需要留意预防白粉病。

株高150厘米·花径7厘米

珍珠花园
Perle des Jardins

 剑瓣高芯型 四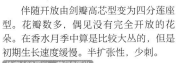

　　伴随开放由剑瓣高芯型变为四分莲座型。花瓣数多，偶见没有完全开放的花朵。在香水月季中算是比较大丛的，但是初期生长速度缓慢。半扩张性，少刺。

株高100厘米·花径8厘米

布润薇夫人 *Mme. Bravy*

杯型 四

　　白中透粉，花量多，花梗纤细、开放时垂头。呈半扩张性、分枝频繁，虽然新梢少但老枝也会大量开花。由于体形较小，因此也适合盆栽。

株高100厘米·花径6厘米

福莱·霍布斯夫人
Mrs. Foley Hobbs

半剑瓣高芯型 四

　　象牙色花瓣的中心染有淡粉色。开放时垂头，这是香水月季独有的特点，极为雅致。枝条纤细，呈半扩张性、低矮茂盛。株高70厘米·花径6厘米

约瑟夫·施瓦茨夫人
Mme. Joseph Schwartz

杯型 四

　　这一品种是"布拉班特公爵夫人"的枝变异，白色花瓣偶见粉色。花型美丽、花量多、开放时间持久，枝条纤细、分枝频繁，植株能长得很大丛。

株高100厘米·花径6厘米

克莱门蒂娜·卡邦尼尔蕾
Clementina Carbonieri

绒球型

　　花色复杂，在浅橙色中晕染着粉色与黄色。花瓣稍显凌乱。枝条纤细、柔韧，植株低矮、呈半扩张性。春季要留意预防白粉病。

株高100厘米·花径7厘米

希灵登夫人
Lady Hillingdon

半剑瓣高芯型 四

　　淡黄色花朵散发着高雅的茶香。开放时垂头、花量多，枝叶透着红色亦十分美观。枝条柔韧、分枝频繁，半直立性树型，在日本别称"金华山"。

株高130厘米·花径8厘米

新娘 *The Bride*

半剑瓣重瓣型 四

　　中心部分呈乳黄色，层层叠叠的花瓣极为美丽。极少数晕染着粉色。枝条纤细、柔韧，三角形尖刺很多，新叶及叶轴透着红色。

株高80厘米·花径7.5厘米

杂交麝香月季

芭蕾舞女 *Ballerina*

单瓣平展型　反

小花朵中心为白色，开放时间持久，植株上覆盖着瀑布般的花朵，十分壮观。易结果，但在第二次开花以后要剪掉花蒂，这样才能接着开花。植株茁壮、易于栽培，但要留意预防叶蜱。

攀缘350厘米・花径2.5厘米

科妮莉亚 *Cornelia*

莲座型　反

植株上开满了浅杏色的花朵，开放时间持久。枝条柔韧、少刺，长势旺盛、呈半扩张性。易于牵引，也耐短截。抗病性强，但要留意预防叶蜱。

攀缘500厘米・花径3.5厘米

薰衣草少女
Lavender Lassie

莲座型　反

粉紫色花朵伴随开放逐渐透出蓝紫色。花量极多、长势极为旺盛，最好作为藤本月季种植在开阔的场所。耐寒性与抗病性俱佳，是很茁壮的品种。

攀缘500厘米・花径7厘米

努尔玛哈 *Nur Mahal*

半重瓣型　多

花瓣外侧呈波浪状，花量多。枝条透出红色、无刺，易于打理。抗病性强、耐暑性也强，多次开花直至晚秋，因此是极为推荐的点缀色品种。

攀缘350厘米・花径7厘米

莫扎特 *Mozart*

单瓣平展型　反

花瓣根部晕染着白色，将黄色雄蕊映衬得十分美丽。花期长，次第开花直至7月份左右。枝条呈半蔓性、透着红色、多刺。相比较而言抗病性与耐寒性较强。

攀缘350厘米・花径2.5厘米

月光 *Moonlight*

平展型　反

伴随开放花色由乳黄色变为白色。小花朵成簇开放，反季开花性强。树势旺盛、枝条呈放射状生长，但花茎长实后会下垂。

攀缘350厘米・花径4厘米

费利西亚 *Felicia*

莲座型　反

伴随开放由杯状逐渐变为莲座型。瓣质极佳、瓣数多，开放时间持久。植株茁壮、少刺，易于打理，因此被用于各种领域。反季开花直至初冬，甜美的香气也十分怡人。

佩内洛普 *Penelope*

半重瓣型

　　白色晕染浅杏色的花朵十分优雅美丽，成片开放。枝条粗壮、呈半蔓性、分枝频繁，植株呈扩张性生长、能长得很高大。反季开花极为频繁。植株茁壮，但也需要留意预防病害。攀缘400厘米·花径7厘米

伊娃 *Eva*

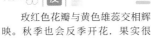

单瓣型

　　玫红色花瓣与黄色雄蕊交相辉映。秋季也会反季开花，果实很美。枝条较硬，不太容易牵引，因此最好一边利用新梢，一边剪除老枝修整树型。攀缘350厘米·花径8厘米

繁荣 *Prosperity*

半剑瓣杯型

　　初绽放时为半剑瓣杯型，之后逐渐变为平展型。春季花量多，开放时间持久。呈半扩张性，分枝频繁。植株茁壮，耐寒性与抗病性俱佳，在半背阴处亦可栽培。攀缘400厘米·花径6厘米

弗朗西斯·E·李斯特
Francis E. Lester

单瓣平展型

　　白色单瓣花的花瓣边缘晕染着淡粉色。多花性，数朵花成簇开放，盛开时如同瀑布一般覆盖整个植株。枝条长势异常旺盛，秋季结红色果实、美丽夺目。攀缘500厘米·花径3厘米

泡芙美人 *Buff Beauty*

莲座型

　　带有甜美的浓香，这是典型的麝香香调，花量多。在黄色系中算是茁壮的品种，主要在春季与秋季开花。枝条呈扩张性生长、长势旺盛，但由于其十分硬挺，所以必须尽早着手进行预备牵引，这样才能得到良好效果。攀缘400厘米·花径7厘米

威廉 *Wilhelm*

半重瓣型

　　鲜艳的红色花朵伴随开放逐渐褪色，与透着蓝绿色的叶片相互映衬，十分美观。秋季开花过后可赏果实。呈藤蔓性、攀缘性强，因此可以利用墙面等进行牵引。攀缘350厘米·花径7厘米

罗宾汉 *Robin Hood*

半重瓣型

　　这一品种是"冰山"等丰花月季的杂交亲本，会开出大量玫红色小花。反季开花性强，树势旺盛，花朵开放时间持久。呈半藤蔓状生长。攀缘350厘米·花径3厘米

弗朗西丝卡 *Francesca*

剑瓣高芯型

　　黄色花朵隐约透出红褐色，看起来落落大方，初绽放时为剑瓣高芯型，伴随开放逐渐变为平展型。反季开花直至夏末，攀缘性强、枝条略硬挺，因此可以利用墙面等进行牵引。攀缘350厘米·花径7.5厘米

埃尔福特 *Erfurt*

半重瓣杯型

　　花瓣根部晕染着白色，黄色雄蕊亦十分美丽。花期长，次开放至7月份左右。枝条呈半蔓性，透着红色，多刺。抗病性与耐寒性俱佳。攀缘300厘米·花径7.5厘米

古典玫瑰

蔷薇"埃克赛萨",别称"红色多萝西·帕金斯"。 | 穆丽根尼蔷薇 | 蔷薇"芭蕾舞女"与铁线莲"卡尔"。

穆丽根尼蔷薇从咖啡馆的一面墙壁上倾泻而下。秋天则挂满红色的果实。

迷醉于玫瑰的世界

穆丽根尼蔷薇覆盖着整面墙壁,心形白花瓣与雄蕊交相辉映,亮粉色的"新曙光"则从露台上垂下枝条。在这花海中品尝美味的红茶与蛋糕,5月的午后时光何其幸福。日本埼玉县毛吕山町是紧依秩父连山而建的小城镇,在这山中的街道上,有一家名为"绿色玫瑰园"的咖啡馆,上面的光景就是这里的某个片刻。咖啡馆的主人是齐藤芳江女士,她在婚后不久就随先生回到老家生活。

"老家的庭院里有公公留下的20株杂交茶香月季,就这样我与玫瑰不期而遇。但当时我完全不具备栽培知识,这些月季没能开出漂亮的花来。在孩子长大一些以后,我腾出工夫来到由东京的玫瑰专卖店'oaken bucket'主办的玫瑰教室上课,在这里我遇到了藤本月季首席专家、已故的村田晴夫老师。"

就这样,齐藤女士一边在玫瑰教室学习玫瑰的栽培方法、牵引方法以及玫瑰的园艺造景,一边着手将自己家1300多平方米的土地打造成了玫瑰园。据说在齐藤女士家的庭院中练习牵引藤本月季时,村田老师曾经改造过大棚钢管用于牵引,或是将无法自立的古典玫瑰做出穹顶状造型,神来之笔令众人惊叹不已。

"村田老师的园艺技术简直像是用玫瑰在作画一般。他的创意背后是丰富的经验与知识在支撑,我对这无数精妙的创意感到如痴如醉。"

齐藤芳江的绿色玫瑰园

爱玫瑰的人开了家咖啡馆

将蔷薇"埃克赛萨"嫁接在树状砧木上,再搭配种植洋地黄,以突出纵向线条。

蔷薇"淡紫色的梦"与铁线莲"珍妮"。

庭院中最先修建的是这条小路,路径是仅次于造景的重要元素。

Green Rose Garden
绿色玫瑰园
㊂埼玉县内郡毛吕山镇
㊟4~6月、10月、11月的
　周六~周一:11~17时
◎东武越生线东毛吕山站
　下车徒步7分钟

齐藤芳江,生于埼玉县毛吕山町。1984年从城市回到老家,1996年开始造园,2003年开始担任滝之入地区玫瑰园的栽培指导工作。2006年开始经营自家的开放式花园兼咖啡馆。造园过程详见其著书《欢迎光临,被玫瑰环绕的咖啡馆》(角川书店)。

因为玫瑰的缘故,我开始经营咖啡馆

　　恰逢其时,作为振兴城镇的一个环节,毛吕山町的农家们都开始打造玫瑰园,而齐藤女士则担任协助指导工作。"滝之入(地名)玫瑰园"的花朵一年比一年多,游客也一年比一年多,人们重新感受到鲜花的魅力。然而,由于齐藤女士家中的玫瑰园访客络绎不绝,庭院不能按规划继续修建,陷入了进退维谷的境地。齐藤女士思前想后,最后决定开始经营开放式花园兼咖啡馆,当然开放时间是固定的。

　　"计划赶不上变化(笑)。咖啡馆是由小仓库改建而成的,我去红茶教室学习了怎样煮红茶,然后在卫生保健所申请了执照就开始营业了。过去我总想着大家是花钱来看玫瑰园的,顾虑很多,但现在大家是'一边悠闲地啜饮红茶,一边闲聊,一边欣赏庭院景致',这样一想我的思路就打开了。对于我自己来说,能够不放弃园艺工作、反而更集中地继续从事下去是一件很开心的事。"

　　游客们成了动力,齐藤女士既能够投入热爱的园艺造景工作,同时又能系统地学习关于玫瑰的知识、文化,她就这样深陷于玫瑰的世界无法自拔。按照每年的惯例,她都会邀请NPO蔷薇文化研究所的野村和子老师来咖啡馆举办讲座,极具人气。

　　"虽说只是小小的玫瑰花,但是却深深地吸引着我。栽培技术、系统知识等,这些学起来有一点难的东西也是它的价值所在不是吗?正因为不容易,所以当它盛开时才会特别开心。通过玫瑰我邂逅了许多朋友,学到了许多知识,我感到非常幸福。"

用玫瑰花瓣制作蜂蜜玫瑰酱

矶部由美香 *Yumiko Iobe*

①

②

③

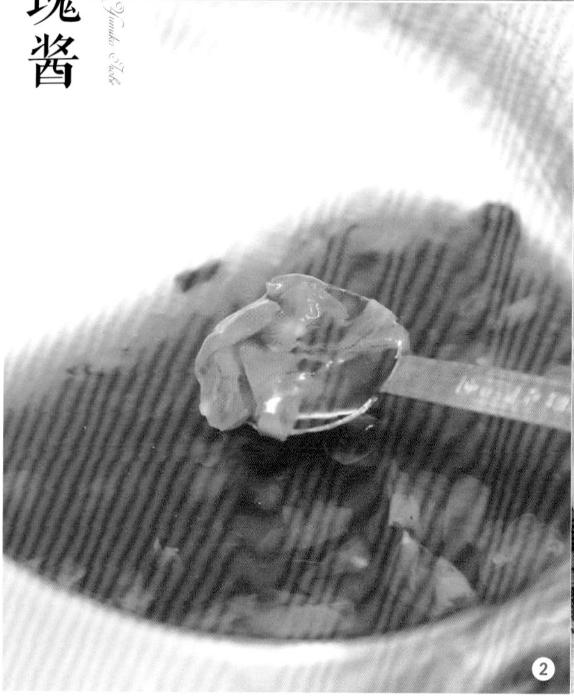

矶部由美香，曾担任有机蔬果、无添加食品的会员制送货上门公司的商品策划、设计制作等工作，然后自己开了一家名叫"tokotowa"的店，专营有机食材制成的蜂蜜果酱。现在在各种活动销售与线上商店等中都很受欢迎。著有《用当季水果来制作法式蜂蜜果酱》一书（诚文堂新光社）。

材料（约350克）
水…350毫升
蜂蜜…70克
柠檬汁…35毫升
玫瑰花瓣…40克
A 琼脂…10克
　砂糖…10克

制作方法

1 在锅中倒入水和蜂蜜，用勺子将蜂蜜搅化，加入柠檬汁后开火加热。沸腾后转小火，加入玫瑰花瓣，一边搅动一边加热。

2 加热7分钟后关火尝味，如果觉得不够甜可按自己的喜好加入蜂蜜（配方分量以外的）。

3 将A混合在一起撒入锅中，一边搅动一边接着加热1分钟。

* 成品可加入酸奶、奶油、奶酪中食用，也可浇在鲷鱼等白身鱼制成的意式生鱼片沙拉上食用。

* 玫瑰花瓣的品种不同，颜色与香气强弱也不同。

现代月季

Modern Roses

现代月季的 1 年

	1	2	3	4	5	6	7	8	9	10	11	12月
	休眠				开花	二次·三次开花（四季开花品种）				开花（秋季开花品种）		休眠
	冬季底肥		发芽肥		礼肥			夏季底肥			礼肥	冬季底肥
				新梢的打顶（杂交茶香月季）								
		冬季修剪				剪花		夏季修剪			剪花	

有一部分品种能够开花至霜降时节。花开在新梢上，但在修剪时要考虑到整株的姿态。

* 以中间的（即冷凉地与热暖地之间）为基准

现代月季

现代月季中的"新古典主义"风格

在现代月季诞生后的一百年，"龙沙宝石"（下图）问世。它是于1986年由法国玫昂国际月季公司的玛丽·路易斯·玫昂培育出来的，是现代月季的代表性品种。"龙沙宝石"香气较弱，但易于栽培、是非常茁壮的品种，可以说在当今的月季品种中人气很高。

这一品种的特征与杂交茶香月季不同，外观偏复古，且是一季开花性。从分类上来说，在"法兰西"（1867年）以后培育出的品种都算是现代月季，但人们将现代培育出的具有古典原变种特性的品种称为"古典玫瑰风月季"。

简而言之，人们追求的是月季最原始的风姿，包括四季开花性的英国月季在内。且不说这是否能够称之为新古典主义，但它也许已经成为新的衡量准则。

龙沙宝石
Pierre de Ronsard
系统：藤本月季（Cl）
育出国：法国
攀缘：300 厘米
花径：9~12 厘米
花朵硕大、雍容华贵，呈杯型，花瓣层层叠叠、中心晕染着粉色，色调十分优雅。花朵开满整棵植株。

（→参考第89页）

嫁接

月季的根部嫁接在砧木上。嫁接的部分长出苗壮、结实的茎是十分重要的，不过如果是新苗（春苗）的话，嫁接还没到半年，如果拿起时只拿树枝部分，砧木有可能会脱落，请注意。

花

5~7月份的盆栽花苗带花，所以能够确认其开花状态。如果是新苗的话，基本上第一个春天是不开花的，所以要注意做好摘蕾工作以促其长叶、促使植株发育。

品种标签

通过标签了解品种名称，以及确认其种类。如果是地栽，在挑选时就必须考虑到它长成后会有多大等。请务必确认四季开花性与一季开花性等基本信息。

土

品牌与厂商不同，植苗用土也大有不同。如果想用花盆栽培的话，就要在盆中放入适合月季的培养土。在植入时要注意，不要将根土碰散。如果是需要使用很长时间的开花盆等，就要预料到季节与根的状态来选盆、换盆。

花盆

稚嫩的新苗等是种在小小的塑料花盆里的，因此要尽快决定之后如何管理。盆栽花苗在贩卖时就已经种在塑料花盆等较大的花器中，就这样维持现状来管理也可以。要尽量避开夏季等严峻的环境，选择良好的时机来换盆。

关于月季的叶片

月季的品种数不胜数，其叶片的大小、颜色、形状也多种多样。其中，叶片表面像打了蜡一般光滑的叫作"光叶"。一般说来，光叶对于病虫害的抵抗力比较强。

月季花下面的叶子大部分都是5片叶，但也有3片叶或7片叶。芽长在5片叶的上面，叶子的片数也是修剪时的标准。有的品种甚至有9片叶。

英国月季

拥有古典而优美的风情与现代特性的月季

英国月季是指由英国育种家大卫·C·H·奥斯汀所培育出的月季品种，非常优美。

20世纪60年代，四季开花性的现代月季风靡世界、人气爆棚。它的花茎硬挺、花朵昂首开放，并且轮廓清晰、颜色丰富、色彩鲜艳，还有最大的特征——四季开花。英国月季虽然也被分类在现代月季中，但它却拥有与古典玫瑰极为相似的柔美外形——姿容古典、色调淡雅。

奥斯汀的月季最初是一季开花性的，所以并没有在园艺界造成轰动，但其后随着四季开花性的月季问世，他也开始崭露头角。

英国月季的树型介于灌木性与藤蔓性中间，被定为小灌木系（半蔓性），既可以种植在庭院中，又可以种植在花盆里，同时它还兼备古典玫瑰易于栽培的优点，现在已经成为全世界园艺家们的心头所爱。

仁慈的赫敏
Gentle Hermione

系统：英国月季（En）
育出国：英国
株高：125厘米
花径：9厘米

完美无瑕的花容配上半透明般的粉色色调，极为优美。散发着类似于没药的浓香。
（参考P69）

如果想欣赏切花就要早摘

如果想将英国月季做成切花来欣赏，就要在花苞刚变软时就早早将其剪下。要让花枝吸饱水分。

另一位育种家
彼得·比尔斯

（1936~2013年）

彼得·比尔斯是与大卫·奥斯汀齐名的另一位英国育种家，他也无比钟情于古典月季，人称"月季之神"。他在重新振兴衰颓的英国古典玫瑰的同时，从现代月季中挑选出具有古典玫瑰特征的品种，将这些品种统称为古典月季。

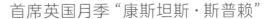

首席英国月季"康斯坦斯·斯普赖"

这一品种于 1961 年问世，堪称首席英国月季。花朵硕大、呈深杯型，其特征是具有浓郁的没药香气。它被人们评价为"比古典玫瑰更美丽的花"，时至今日依然是英国庭院中最常见的月季品种之一。它得名于近代插花艺术创始人——康斯坦斯·斯普赖女士，是她将插花的乐趣普及到普通主妇之间的。

大卫·C·H·奥斯汀

（1926年~）

David C.H. Austin

1926 年，大卫·C·H·奥斯汀出生于英国什罗普郡的一户农庄里，他从青年时代起就作为业余育种家开始改良月季品种。1961 年，时值 35 岁的他培育出了"康斯坦斯·斯普赖"（一季开花性），被人们奉为首席英国月季。1969 年，他终于推出了四季开花性品种"巴斯夫人"。20 世纪 70 年代，他培育出了红铜色与橘黄色品种；80 年代培育出了杏色品种；90 年代培育出了鲜艳的流行色品种。在不足半个世纪的时间里，他总共培育出近 200 种优秀月季。其中的代表性品种是"格拉汉·托马斯"，它被选入了世界月季联合会的"月季殿堂"。2003 年，英国皇家园艺协会表彰了他对园艺所作出的贡献，授予他维多利亚十字勋章。2007 年他又荣获了大英帝国勋章。

查尔斯·雷尼·马金托什
Charles Rennie Mackintosh

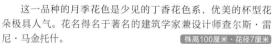

杯型

这一品种的月季花色是少见的丁香花色系，优美的杯型花朵极具人气。花名得名于著名的建筑学家兼设计师查尔斯·雷尼·马金托什。

株高100厘米·花径7厘米

英格兰玫瑰 England's Rose

莲座型

玫粉色花朵不断反复开放至秋季，不易受到天气影响。伴随开放由浅杯型逐渐变为莲座型，具有馥郁的古典玫瑰香气。植株茁壮，能长成姿态优美的小灌木。

株高150厘米·花径6厘米

修女伊丽莎白 Sister Elizabeth

莲座型

花色为带有丁香色的玫粉色，花型与法国蔷薇极为相似，是完美的莲座型。具有强烈的古典玫瑰香气，香调既甜美又辛辣。株型矮小，非常适合花盆栽培。

株高100厘米·花径7厘米

云雀 Skylark

杯型

花色伴随开放由深粉色逐渐变为带有丁香色的粉色，不断反复开放。花型为半重瓣开杯型，可见雄蕊，即使在英国月季中也属罕见。

株高100厘米·花径8厘米

肯特公主 Princess Alexandra of Kent

杯型

花瓣极密、花朵硕大，花型为优美的深杯型，馥郁的淡茶香伴随开放逐渐变为柠檬香。这一品种抗病性较强，作为香型月季值得推荐。

株高125厘米·花径11厘米

艾伦·蒂施马奇
Alan Titchmarsh

杯型

这一品种继承了古典玫瑰的精髓，深粉色花朵奇香无比。枝条柔韧，可以随心所欲地做造型。

株高125厘米·花径10厘米

梅德·马里恩 Maid Marion

莲座型

花瓣外侧为白色，花朵由中心向外晕染着玫粉色，拥有完美的莲座型花型，在英国月季中可谓艳压群芳。四季不断反复开放。树型为偏直立性的灌木性。

株高125厘米·花径8厘米

博斯科贝尔 Boscobel

莲座型

橘粉色花朵富有韵味，散发出馥郁的没药香气。伴随开放由杯型逐渐变为典型的莲座型。直立性树型，枝叶茂盛、植株茁壮。

株高125厘米·花径9厘米

银禧庆典 *Jubilee Celebration*

莲座型

　　花朵硕大、呈圆拱形，花色为橘粉色，花瓣下方带有金黄色，曾凭借怡人的芳香在英国格拉斯哥获奖。不断反复开花直至秋季。

株高100厘米・花径11厘米

梅吉克夫人 *Lady of Megginch*

杯型

　　花朵硕大、呈杯型，极具视觉冲击力，花色为深粉色，伴随开放逐渐变为深玫粉色。具有古典玫瑰的水果香调。

株高125厘米・花径10厘米

草莓山 *Strawberry Hill*

莲座型

　　玫粉色花朵不掺一丝杂色，莲座型、呈杯状。不断反复开花，浓厚的没药香气中带有柠檬香。树型恣意生长，十分有活力。

株高125厘米・花径9厘米

海德庄园 *Hyde Hall*

莲座型

　　亮粉色花瓣层层叠叠地堆积在一起，花朵是典型的莲座型，即使树型长大也能不断反复开花。任由其生长的话能长成大株，且抗病性极强。

株高175厘米・花径7厘米

什罗普郡少年
A Shropshire Lad

莲座型

　　最美的藤本性英国月季之一。杏粉色花朵呈杯状，伴随开放逐渐变为富有魅力的莲座状。馥郁的茶香中混合着果香。

株高150厘米・花径10厘米

哈洛・卡尔 *Harlow Carr*

杯型

　　玫粉色花朵呈浅杯状、完美无瑕，散发出浓厚的古典玫瑰香气。开花时枝条几乎要垂到地面上，可以修剪出饱满而富有魅力的树型。

株高125厘米・花径6厘米

晨雾 *Morning Mist*

单瓣型

　　硕大的肉粉色花朵呈单瓣型，不断反复开放。抗病性强，可以修剪出完美的小灌木树型。秋季结橘红色果实，是欣赏价值极高的品种。

株高150厘米・花径9厘米

英国传统 *English Heritage*

杯型

　　花朵呈完美的杯型，拥有类似于柠檬香的古典玫瑰香气。继承了"冰山"的血统，极为苗壮。可以当作小型藤本月季来打理。

株高150厘米・花径7厘米

玛丽・罗斯 *Mary Rose*

莲座型

　　与"格拉汉・托马斯"一起构成了英国月季的培育基础，是十分优秀的品种。花朵呈松散的莲座状。植株苗壮，在贫瘠的土地上也能生长得很好，抗病性极强。

株高125厘米・花径8厘米

奥尔布莱顿
The Albrighton Rambler

　　杯型花朵花瓣整齐有序、可见纽扣心，作为四季开花性的蔓性蔷薇十分有价值。极为苗壮，可以修剪出美观的树型。

攀缘350厘米·花径5厘米

威斯利2008 *Wisley 2008*

　　花色为柔美的淡粉色，花型伴随开放由浅杯型逐渐变为标准的莲座型。不断反复开放。树较高，极为苗壮，可以长成优美的小灌木。

株高150厘米·花径7厘米

韦狄 *Wildeve*

　　这一品种具备了英国月季的全部优点。杏粉色花朵呈完美的莲座型。茂盛的小灌木树型也很适合种植在花坛里或用作地被物。

株高100厘米·花径8厘米

索尔兹伯里夫人
Lady Salisbury

　　深玫粉色花苞伴随开放变成完美无瑕的玫粉色，花朵次第开放。这一品种与古典玫瑰的"白玫瑰系"较为相似，叶片无光泽也是其特征之一。

株高125厘米·花径6厘米

安妮女王 *Queen Anne*

　　这一品种具有古典玫瑰那种典雅的美。玫粉色花朵是典型的古典玫瑰花型，散发出馥郁、醉人的古典玫瑰香气。

株高125厘米·花径8厘米

奥利维亚 *Olivia Rose Austin*

　　仿若古典玫瑰一般的淡粉色花朵呈优雅的杯型，伴随开放逐渐变为浅杯状莲座型。四季开花性、抗病性较强。

株高90厘米·花径8厘米

威基伍德玫瑰 *The Wedgwood Rose*

　　花朵硕大、呈杯型，珍珠粉色，不断反复开放，属于古典玫瑰品种。拥有馥郁的香气，混合着葡萄柚与公丁香的香调。植株苗壮。

株高150厘米·花径9厘米

夫人的腮红 *The Lady's Blush*

　　在淡粉色、半重瓣的花朵中心，浅黄色花蕊与金黄色花蕊混杂在一起。饱满的灌木性树型富有魅力。

株高150厘米·花径7厘米

胭脂夫人 *The Lady of the Lake*

　　接近肉粉色的半重瓣花朵略微绽放，可见醒目的雄蕊。枝条细长而柔软，花朵开满枝头的姿态极富魅力。

攀缘300~350厘米·花径5厘米

安尼克城堡
The Alnwick Rose

杯型 四

花瓣颜色由内向外变浅，初夏开花至霜降时节。古典玫瑰香中掺杂着覆盆子的香气。能长成优雅的灌木性树型。

株高125厘米·花径10厘米

埃格兰泰恩（雅子）*Eglantyne*

莲座型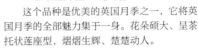

这个品种是优美的英国月季之一，它将英国月季的全部魅力集于一身。花朵硕大、呈茶托状莲座型，熠熠生辉、楚楚动人。

株高125厘米·花径10厘米

安妮·博林 *Anne Boleyn*

莲座型

花色为粉色，花型为莲座型，十分美观。花朵成大簇开放，不断反复开花。它的枝条很适合用来装饰花门，或是种植在花器中。抗病性强。

株高100厘米·花径6厘米

杰夫·汉密尔顿 *Geoff Hamilton*

四分莲座型

花瓣密集，呈四分莲座状浅杯型，外侧花瓣泛白翻卷，与中心无数的花瓣相映成趣，花容富有魅力。抗病性强。

株高150厘米·花径8厘米

凯瑟琳·莫利 *Kathyrn Morley*

杯型

花朵硕大、呈浅杯型，花色为柔美的粉色，不断反复开放。带有一种早期英国月季的风情，在凉爽的气候条件下能够开出极美的花朵。

株高150厘米·花径10厘米

詹姆斯·高威 *James Galway*

莲座型

花朵硕大，中心为粉色、边缘为白色。刺极少，也可当作藤本月季来打理。抗病性强，可用于装饰美化墙面及花篱、花门。

株高150厘米·花径10厘米

仁慈的赫敏 *Gentle Hermione*

杯型 四

花朵硕大、呈浅杯型，花瓣密集、层层叠叠，这是古典玫瑰中常见的典型花型。不断反复开花。花瓣耐雨淋，散发出强烈的没药香气。

株高125厘米·花径9厘米

瑞典女王 *Queen of Sweden*

杯型 四

淡粉色花朵在初绽放时呈紧紧闭合的杯状，伴随开放逐渐变为打开的浅杯型，无论在哪一阶段都能欣赏到其格调高雅的美。也很适合做切花。

株高125厘米·花径7厘米

银莲花 *Windflower*

杯型 四

英语名"Windflower"含义为风之花，花朵盛开时也同银莲花一样，淡粉色的、活泼而不失优雅的大花朵在风中轻轻摇曳。最适合风格自然、清新的花园。

株高125厘米·花径7厘米

权杖之岛
Scepter'd Isle

杯型

花色为粉色、外侧花瓣颜色偏浅，可见雄蕊，花朵呈完美的杯型。拥有馥郁的没药香气，曾荣获杰出香气月季奖。

株高125厘米·花径9厘米

斯卡堡集市 *Scarborough Fair*

杯型

富有白玫瑰系的魅力。初绽放时花朵呈小巧的杯型，伴随开放逐渐打开，最后可见金色雄蕊。由于其株型矮小，所以很适合种植在花器中。

株高100厘米·花径6厘米

莫蒂默·赛克勒
Mortimer Sackler

杯型

花色为淡粉色、外侧花瓣颜色偏浅，花朵硕大、呈浅杯型，整体风格既细腻又优美。少刺、易于打理，可以用来装饰美化墙面或花篱、花门。

株高150厘米·花径7厘米

圣斯威辛 *St. Swithun*

杯型

花朵硕大、呈茶托状杯型，花色为淡粉色，拥有浓厚的没药芳香。抗病性强，也能当作藤本月季来打理，因此可以用来装饰美化花篱或花门。

株高150厘米·花径8厘米

夏莉法·阿斯马 *Sharifa Asma*

莲座型

这一品种极为优美，被誉为英国月季"首席美人"。浅粉色花朵伴随开放由杯型逐渐变为完美的莲座型，具有强烈的水果香也是其魅力之一。

株高125厘米·花径8厘米

约翰·贝杰曼爵士
Sir John Betjeman

莲座型

在英国月季中，这一品种体现出的现代月季特性是最强的。花朵硕大、呈莲座型，花色为艳丽的深粉色，不断反复开放，抗病性也很强。

株高100厘米·花径7厘米

爱丽丝小姐 *Miss Alice*

莲座型

初绽放时为惹人怜爱的淡粉色，伴随开放花瓣边缘逐渐变白。充满了典型的古典玫瑰魅力，散发出温润的古典玫瑰香气。植株矮小。

株高100厘米·花径6厘米

自由精神 *Spirit of Freedom*

杯型

这一品种具有典型的古典玫瑰的优点，标准的杯型花朵伴随开放由淡粉色逐渐变为丁香粉色。任由其生长的话能长成藤本性月季，用途广泛。

株高150厘米·花径8厘米

格特鲁德·杰基尔 *Gertrude Jekyll*

莲座型

　　早期培育出的英国月季，香气馥郁且美丽出众，受到人们的好评。花朵硕大、呈莲座型，可以生长成为小型藤本月季，因此适合用来装饰美化花篱或花门。 株高150厘米·花径10厘米

塔姆·奥山特 *Tam o' Shanter*

　　花色为鲜艳的樱桃粉色，不断反复开放。小灌木性树型弧度很大，也可以当作小型藤本月季来打理。抗病性强，十分茁壮。 株高150厘米·花径8厘米

五月花 *The Mayflower*

莲座型

　　花型为典型的古典玫瑰花型，不断反复开放直至秋季。抗病性强、十分茁壮，同时也具备耐寒性。散发出强烈的古典玫瑰香气。 株高125厘米·花径6厘米

年轻的利西达斯 *Young Lycidas*

杯型

　　这一品种具有古典玫瑰的古典之美。花朵硕大、呈杯型，保持完美的花型直到凋谢，不断反复开放，花色为洋红色。香气扑鼻。 株高125厘米·花径9厘米

安妮公主 *Princess Anne*

莲座型

　　初绽放时花色基本上是红色，伴随开放逐渐变为深粉色，到后期花瓣根部呈现出黄色。小灌木性树型，从初夏开始不断反复开放至晚秋。 株高125厘米·花径8厘米

皇家庆典 *Royal Jubilee*

杯型

　　枝条与白玫瑰系极为相似，像金属丝一样纤细，花朵硕大、呈完美的杯型。少刺，散发出浓厚的水果香，抗病性也很强。 株高150厘米·花径10厘米

康斯坦斯·斯普赖
Constance Spry

杯型

　　这一品种堪称雍容华美的藤本月季之一，是大卫·奥斯汀的处女作。花朵硕大，呈完美的杯型。 攀缘300厘米·花径12厘米

温德米尔 *Windermere*

　　沐浴阳光后花色由乳白色逐渐变为纯白色。散发出强烈的水果香，令人联想到柑橘。树型端正、秀美，少刺且抗病性强，易于打理。

株高100厘米·花径7厘米

威廉和凯瑟琳
William and Catherine

　　杏黄色花苞在开放后立刻变为白色。呈典型的浅杯型，十分美丽。是苗壮的品种，且为竖长的直立性树型。

株高125厘米·花径8厘米

卡德法尔兄弟 *Brother Cadfael*

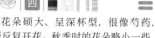

　　花朵硕大、呈深杯型，很像芍药，不断反复开花。秋季时的花朵略小一些，但香气馥郁，是苗壮的品种。可以用来装饰美化花篱或花门。

株高125厘米·花径10厘米

温彻斯特大教堂
Winchester Cathedral

　　这个品种的白月季拥有"玛丽·罗斯"的血统，以植株苗壮而闻名，枝繁叶茂、花期固定。散发出强烈的古典玫瑰香气，混合着蜂蜜与杏仁香。

株高125厘米·花径8厘米

邱园 *Kew Gardens*

　　这一品种的最大特征是几乎无刺。花苞为杏色，绽放后变为纯白色，花朵为单瓣型、较大，不断反复开花，是苗壮的品种。花名得名于英国皇家植物园林。

株高150厘米·花径6厘米

费尔柴尔德先生的巧妙
The Ingenious Mr. Fairchild

　　花瓣内侧为略带丁香色的深粉色、呈卷曲状，越往外颜色越浅，变幻莫测。花朵硕大、呈杯型，散发出强烈的水果香。

株高150厘米·花径10厘米

格拉姆斯城堡
Glamis Castle

　　纯白色花朵呈杯型，具有明显的古典玫瑰特征。没药香气怡人，花朵不是很大，不断反复开放。适合种植在花境前面或花器中。

株高100厘米·花径8厘米

福斯塔夫 *Falstaff*

　　是英国月季红、紫色系中的最优秀品种。伴随开放花色由深红色逐渐变为紫色，花朵硕大、呈四分莲座状浅杯型，具有强烈的古典玫瑰香气。

株高125厘米·花径9厘米

雪雁 *Snow Goose*

绒球型 四

　　像小雏菊一般惹人怜爱的花朵成簇开放，不断反复开花，这在藤本月季中很少见。可以用来装饰美化墙面、花篱或花门。抗病性较强，即使是园艺入门者也能养活。

攀缘240厘米·花径4厘米

苏珊·威廉姆斯·埃利斯
Susan Williams-Ellis

莲座型 四

　　这一品种是"五月花"的突然变异，具有苗壮、浓香等特性。从初夏开始不断反复开花至晚秋。香调是典型的古典玫瑰香气。

株高125厘米·花径6厘米

安宁 *Tranquillity*

莲座型 四

　　花苞微微透黄，圆形花瓣排列整齐，开花时变为纯白色、呈完美的莲座型。植株笔直地向上生长，枝条末端向外弯曲，形成优雅的弧形树型。

株高125厘米·花径8厘米

慷慨的园丁 *The Generous Gardener*

杯型 四

　　精致的淡粉色花朵呈现出美丽的杯型。蕴藏着藤本月季的特性，在短时间内就能生长成像样的藤本月季。抗病性也很强，是苗壮的品种。

株高150厘米·花径9厘米

沃勒顿老庄园
Wollerton Old Hall

杯型 四

　　拥有在英国月季中首屈一指的浓香。花苞呈深红色，绽放后由奶黄色逐渐变为淡奶油色。直立性树型，相比较而言算是少刺的品种。

株高150厘米·花径8厘米

利奇菲尔德天使 *Lichfield Angel*

杯型 四

　　花朵硕大、呈浅杯型，伴随开放逐渐变为美丽的莲座型，花色为柔美的奶油杏色。低调的花色与其他植物能够很好地融合，开放时垂头、姿态优美。

株高125厘米·花径9厘米

克莱尔·奥斯汀
Claire Austin

杯型 四

　　精致的杯型花朵美得令人屏息，不断反复开花。具有浓香，是极为优秀的月季品种。树型能长成优雅的弧形，是健康、苗壮的品种。

株高150厘米·花径10厘米

夏洛特夫人 *Lady of Shalott*

 杯型 四

肉粉色花朵散发出茶香月季的香气，不断反复开放。刺较少，树型能够长成圆润的拱形。是英国月季中较易于栽培的品种。

株高125厘米·花径8厘米

圣塞西利亚 *St. Cecilia*

 杯型 四

拥有完美的杯型花型，浅杏色花色伴随开放越来越淡、最终变白，花容极为优雅。不断反复开花，没药香、柠檬香与杏仁香混合在一起的浓香也极富魅力。

株高100厘米·花径9厘米

抹大拉的玛丽亚 *Mary Magdalene*

 莲座型 四

花色与其说是粉色，倒不如说它更接近浅杏色，丝绸般的花瓣环绕着纽扣心，形成莲座型花型。散发出强烈的没药香气。树型矮小。

株高90厘米·花径7厘米

女园丁 *The Lady Gardener*

 四分莲座型 四

花朵硕大、呈四分莲座型，花色为杏色、韵味十足，短期内不断反复开花。在浓郁的茶香中混合着香草香与木香。

株高100厘米·花径8厘米

战斗的勇猛号 *Fighting Temeraire*

 半重瓣型 四

花色为杏色，色调富有个性，花朵硕大、一团团地开放。只需两三年就能长成富有魅力的、饱满的小灌木。是极为苗壮的品种。

株高150厘米·花径10厘米

阳光港 *Port Sunlight*

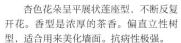 莲座型 四

杏色花朵呈平展状莲座型，不断反复开花。香型是浓厚的茶香。偏直立性树型，适合用来美化墙面。抗病性极强。

株高150厘米·花径8厘米

茶快船 *Tea Clipper*

 四分莲座型 四

花色为杏色，花朵呈四分莲座型，拥有茶香、没药香、水果香混合在一起的香气。几乎无刺，植株苗壮。

株高125厘米·花径10厘米

卡罗琳骑士 *Carolyn Knight*

 杯型 四

这一品种是"夏日之歌"的突然变异，花朵硕大、呈优美的杯形，柔和的金黄色色调独具个性。植株较高、笔直地生长，几乎无刺。

株高125厘米·花径8厘米

云雀高飞 *The Lark Ascending*

 杯型 四

浅杏色花朵大小适中，半重瓣、呈深杯型，给人一种轻快的感觉。树型高大、饱满。抗病性强，是苗壮的品种。

株高150厘米·花径7厘米

牧羊女 *The Shepherdess*

　　美丽匀称的杏粉色花朵呈深杯型，不断反复开放。散发出柠檬味道的水果香。株型矮小，因此适合种植在花坛前面或是花盆中。是茁壮的品种。

株高100厘米・花径8厘米

玛格丽特王妃
Crown Princess Margareta

 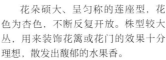

　　花朵硕大、呈匀称的莲座型，花色为杏色，不断反复开放。株型较大丛，用来装饰花篱或花门的效果十分理想，散发出馥郁的水果香。

株高150厘米・花径2.5厘米

亚伯拉罕・达比 *Abraham Darby*

　　这一品种集美丽、茁壮、香气怡人三项优点于一身，极具人气。花朵硕大，花色为粉色晕染杏色，不断反复开花。任由其生长的话能长成小型藤本月季。

株高150厘米・花径8厘米

珍妮特 *Janet*

　　花色由浅粉向深粉渐变，花型为高芯型，伴随开放花色逐渐变为晕染着红铜色的深粉色、花型变为莲座型，光彩照人。茶香馥郁，可以用来装饰美化花篱或花门。

株高125厘米・花径10厘米

格蕾丝 *Grace*

　　花朵硕大，花色为杏色，花容优美且拥有馥郁的水果香气。枝条柔韧，呈弧形。可以搭配金黄色的"黄金庆典"一起种植，更能映衬出其美丽。

株高100厘米・花径7厘米

威廉・莫里斯 *William Morris*

　　花型饱满，花色为柔美的杏粉色，茶香馥郁。长势旺盛，树型可生长成拱形，适合用来装饰美化墙面、花篱或花门。

株高150厘米・花径7厘米

甜蜜朱丽叶 *Sweet Juliet*

　　杏色花朵十分美丽，不断反复开放。直立性树型。茶香馥郁、植株苗壮，是不论从何种角度欣赏都极富魅力的品种。

株高125厘米・花径8厘米

红花玫瑰 *Crocus Rose*

　　花色为奶油杏色，花朵硕大，初绽放时呈杯型，伴随开放逐渐变为莲座型，不断反复开花。抗病性、耐寒性俱佳，能够栽培得十分茁壮。

株高125厘米・花径10厘米

伊芙琳 *Evelyn*

　　杏色中略微透出些粉色，杯型花朵雍容华贵，不断反复开花。这一品种最大的特点就是香气怡人，它能令你深深体会到月季之美。

株高125厘米・花径10厘米

夏洛特·奥斯汀 *Charlotte Austin*

杯型   四

淡黄色花朵有着绝妙的花型，极富魅力。其特性是耐寒性强，因此很好打理，是值得推荐给园艺入门者的茁壮品种。树型较为矮小，适合栽培在花器中。

株高125厘米·花径10厘米

黄金庆典
Golden Celebration

杯型   四

花朵硕大、呈杯型，花色为金黄色，给人高贵、典雅之感。浓香型，不断反复开花，是茁壮优良的品种。可以生长成小型藤本月季，用来装饰美化花篱或花塔。

株高125厘米·花径12厘米

查尔斯·达尔文
Charles Darwin

杯型    四

在英国月季中算是花朵较大的品种之一。深黄色花瓣层层叠叠地挤在一起，呈浅杯型。不断反复开花，散发出茶香与柠檬香混合在一起的馥郁香气。

株高125厘米·花径9厘米

朝圣者 *The Pilgrim*

杯型  四

正黄色花朵呈完美、匀称的浅杯型，花量极多、数不胜数。任由其生长的话可以长成小型藤本月季，因此适合用来装饰美化花篱或花门。

株高150厘米·花径8厘米

诗人的妻子 *The Poet's Wife*

莲座型   四

花色为明艳的黄色，花瓣整齐，在开放时外侧花瓣会包裹住内侧花瓣。清爽的柠檬香随着花朵的开放逐渐变得甜美、浓郁。

株高120厘米·花径8厘米

香槟伯爵 *Comte de Champagne*

杯型   四

花色为深黄色，小巧可爱的杯状花朵次第开放。散发出馥郁的蜂蜜香与麝香。建议种植在花器中或是花境前。

株高125厘米·花径7厘米

格拉汉·托马斯 *Graham Thomas*

杯型    四

这一品种是培育出英国月季的基础，入选"月季殿堂"。花色为正黄色，花朵硕大、呈大杯型，任由其生长的话能够长成小型藤本月季。

株高150厘米·花径7厘米

欢笑格鲁吉亚 *Teasing Georgia*

杯型  四

这种黄色月季极为精致，呈完美的莲座状浅杯型。拥有馥郁的茶香，不断反复开放。抗病性强，可以用来装饰美化花篱或花门。

株高150厘米·花径10厘米

无名的裘德 *Jude the Obscure*

杯型  四

这一品种是较优雅的英国月季之一。杏黄色大花朵呈深杯型，极为美丽。拥有强烈的水果香气。

株高125厘米·花径8厘米

布莱斯之魂 *Blythe Spirit*

杯型 四

小巧可爱的黄色杯型花朵呈爆发式次第开放，不断反复开至秋季。最适合种植在花境中增添生趣。抗病性也很强。

株高125厘米·花径7厘米

巴特卡普 *Buttercup*

半重瓣型 四

这一品种的月季魅力在于其在风中摇曳的姿态十分优美。花瓣要比半重瓣多一些，呈打开的杯型，能将气氛衬托得富有情调。

株高150厘米·花径8厘米

莫林妞克斯 *Molineux*

莲座型 四

花朵大小适中、呈莲座型，花色为深黄色，不断反复开花。抗病性亦很强，是非常实用的品种。本品种囊括英国皇家月季协会的香气奖以及最佳新品种奖。

株高100厘米·花径10厘米

马文山 *Malvern Hills*

莲座型  四

淡黄色花朵大小适中、呈莲座型，不断反复成簇开放。它是具有古典风情的四季开花性藤本月季，属于极有人气的诺伊斯氏蔷薇系，枝条纤细、少刺，易于牵引。

攀缘300~400厘米·花径4厘米

曼斯特德·伍德 Munstead Wood

  杯型 四

花朵硕大、呈浅杯型，花色为深红色，散发出强烈的古典玫瑰香气。植株矮小，不断反复开花。青铜色的新叶与绿色叶片形成绝妙的对比。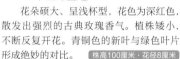株高100厘米·花径8厘米

托马斯·贝克特
Thomas à Becket

莲座型 四

鲜艳的红色花朵伴随开放逐渐变为浅杯型。开放时垂头，其姿风情万种。适合自然风格的造型，植株极为茁壮。株高125厘米·花径5~8厘米

夏日之歌 Summer Song

杯型 四

色调如同夏天的晚霞一般，杏色与黄色仿佛渐渐融入黄昏。花型为典型的杯型，不断反复开花。虽然是直立性树型，但可以通过修剪随意调整植株大小。株高120厘米·花径8厘米

布莱斯威特 L.D. Braithwaite

  杯型 四

花朵硕大、呈打开的杯型，在红色系英国月季中最为光彩夺目。继承了"玛丽·罗斯"的血统，是极为茁壮的品种。花色鲜艳、花容高雅，能够将花园装饰得绚丽多姿。株高150厘米·花径9厘米

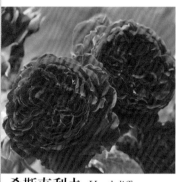

希斯克利夫 Heathcliff

  莲座型 四

花朵硕大、呈莲座型，花色为深绯红色、十分美丽，同时具有法国蔷薇系的柔媚。直立性树型、植株茁壮。花名得名于古典名著《呼啸山庄》的主人公。株高100厘米·花径10厘米

艾玛·汉密尔顿夫人
Lady Emma Hamilton

  杯型 四

艳丽的橘色花朵呈现出美丽的杯型，与略带青铜色的暗绿色叶片完美融合。不断反复开花，香气馥郁，是极为茁壮的品种。直立性树型，植株大小适中。株高125厘米·花径8厘米

威廉·莎士比亚 2000 William Shakespeare 2000

 杯型 四

在深红色的英国月季中堪称极佳品种之一。伴随开放花型由深杯型逐渐变为浅杯型，花色由天鹅绒般的深红色变为紫红色。浓香型，不断反复开花。株高125厘米·花径10厘米

帕特·奥斯汀 Pat Austin

 杯型 四

花朵硕大、呈深杯型，红铜色花色令人印象深刻，散发出馥郁的香气。也可以当作小型藤本月季来打理。大卫·奥斯汀用妻子的名字为这一品种命名，是他的得意之作。株高125厘米·花径10厘米

本杰明·布里顿 *Benjamin Britten*

 杯型 四

　　花色在红色系英国月季中极为罕见，略带橘色。伴随开放由肉粉色、深杯型逐渐变为粉红色、略呈现出杯状的莲座型。拥有强烈的水果香气。

株高125厘米·花径9厘米

克里斯托弗·马洛 *Christopher Marlowe*

莲座型 四

　　微微透着橘色的红色花色在英国月季中十分少见。伴随开放莲座型花朵外侧逐渐变为肉粉色。株型矮小，散发浓茶香。

株高75厘米·花径8厘米

达西·布塞尔 *Darcey Bussell*

 莲座型 四

　　这一品种在红色系英国月季中抗病性最强。厚重的深红色花朵呈莲座型，拥有怡人的水果芳香。株型矮小，适合花器栽培。

株高100厘米·花径8厘米

苏菲的玫瑰 *Sophy's Rose*

莲座型 四

　　花朵硕大、呈标准的莲座型，花色为艳丽的红色，不断反复开放。很适合种植在花坛前面，可以通过修剪使其生长矮小一些，用做玫瑰花床。耐寒性、耐暑性俱佳。

株高100厘米·花径8厘米

黑影夫人 *The Dark Lady*

莲座型 四

　　是红色系英国月季中较优良的品种之一。花朵硕大、呈莲座型，如明珠般熠熠生辉，花色为美丽的深红色，不断反复开放。它与祖先玫瑰（Rugosa Rose）极为相似，耐寒性强、非常茁壮。

株高100厘米·花径10厘米

德伯家的苔丝 *Tess of the d'Urbervilles*

杯型 四

　　花朵硕大、呈深杯型，花色为深红色，在枝条上垂头开放的姿态十分优雅。根据栽培方式不同，株型可高可矮。花名得名于托马斯·哈代的小说主人公。

株高120厘米·花径8厘米

王子 *The Prince*

莲座型 四

　　初绽放时为深红色，伴随开放逐渐变为富有格调的紫色。拥有古典玫瑰的浓香。在温暖的气候条件下更易栽培。

株高100厘米·花径10厘米

英国月季的鉴赏方法

金子治雄
Haruo Kaneko

Renaissance Garden

新品种月季的诞生

英国月季的问世使 20 世纪的园艺玫瑰世界得到了空前的壮大。直到 20 世纪 80 年代，玫瑰的世界还大都被灌木性的杂交茶香月季占据着，而新品种的英国月季既拥有古典玫瑰的柔美与芳香，又结合了现代月季缤纷的花色与四季开花性。

在日本，人们是从 90 年代中期开始种植英国月季的。

引进月季的花卉贸易

月季是国际性商品，在买卖时需要有商标注册。

它拥有数千年的栽培历史，虽然有些品种是在不经意间出现的，有些品种是在精心计划中培育出来的，但绝大多数品种都是人为培育、管理的，并且作为商品苗木大量种植。在日本，记录培育者及育出年份的种苗注册制度是从 19 世纪开始的。现在，以销售为目的的所有月季品种几乎都做过种苗注册并被出售。

在玫瑰的世界中，英国月季是首次给人以品牌印象的品种。在它问世以前，即使是同一人培育出的品种也很难给人留下统一的印象，但自从它问世之后，每个品种都按照相似的审美意识有计划地培育，每年都定期发售具有稳定水准的新品种。因此对于顾客而言，他们可以从符合品牌印象的英国月季中，轻而易举地挑选出自己喜爱的品种。

从国外引进的月季品种就在这样的花卉贸易中兀自盛开。

月季市场

月季分为两种，一种是"切花用品种"，另一种是"园艺用品种"。顾名思义，切花用品种就是在种植园中种植然后摆在花店里当作切花出售的品种，而园艺用品种则是以园艺种植为前提培育出的品种。据说，全世界每年都有近千种新品种月季被发售，但其大半都是切花用品种。

园艺用品种为何比较少呢？这是因为它是专为个人园艺爱好者培育的。抗病性较差、娇弱的月季，就不具备作为园艺用品种的资质。因此，为了鉴别出某个品种是否具备抗病性，就需要将其种植在花园中检验若干年，之后才能进入市场进行销售。

自英国月季引进日本已经过去近 20 年了。虽然它的外观看起来很娇弱，但与其他的现代月季相比，决不能说是栽培难度大的品种，更何况现在还引进了许多适宜在日本的气候条件下种植的品种。

位于大卫·奥斯汀月季公司总部（英国奥尔布赖顿）的"文艺复兴花园"。

摘除花瓣后收集花粉。

为了防止装在木箱中空运的月季种苗干枯而进行保湿。

去除雄蕊，用毛笔将花粉涂抹在雌蕊上进行授粉。

用特制的培养土将种苗种植在塑料花盆中。

授粉后结出果实，从中采集种子。

园艺潮

20 世纪 90 年代的英国园艺潮，与几乎在同一时期问世的英国月季一起彻底改写了月季的命运。在此之前，人们在园艺鉴赏中只欣赏灌木系（灌木性）月季的花朵，而在此之后，人们的鉴赏方式得以扩展，开始欣赏凭借惊人花量与柔美花色使植株整体极为协调、美观的小灌木系（半蔓性）园艺月季品种。

英国的种苗栽培

英国月季是在英国的大卫·奥斯汀专用种植园中通过嫁接栽培出来的。日本国产月季大部分都以"野蔷薇（Rosa multiflora）"为砧木，但进口苗木则使用了名叫"疏花蔷薇"的原种蔷薇做砧木。

野蔷薇的根系是横向扩张生长的，而疏花蔷薇是直根性——即根系向斜下方生长的性质。疏花蔷薇的砧木在长出侧根前要避免处于湿漉漉的状态，因此在苗木时期需要注意不要过度浇水。不过一旦长出侧根植株就会苗壮地生长，在日本甚至能比在英国本土生长得还要高大。

在 11 月来到这里

上一年在英国嫁接到砧木上培育好的种苗，一到今年秋天就被连根掘起。

10月份刚植入盆中。

冬季是缓苗期。

4月是发芽的时节。

为了检疫要将其根部清洗干净，然后在不带土的裸苗状态下打好包、空运到日本来。到达日本这边的种植园以后，要再次对裸苗进行消毒，趁其根部没有干枯时迅速植入盆中。

植入盆中后用寒冷纱覆盖住种苗，放置在户外的花田中充分缓苗。大约在20年前进口种苗尚未开始，缓苗都是在温室内进行的，而现在即使是在隆冬也是放在屋外慢慢培育。这是因为，温室栽培虽然发芽时间早，但根部发育不完全，植株生长得很孱弱。而放在屋外的话则能充分沐浴阳光，在冬季慢慢地发出侧根。

种苗是种植在7号方盆中出售的。对于月季来说，种植用土的多少是很关键的。之所以使用7号方盆，就是因为考虑到即使顾客在购买种苗后不换盆，这种方盆也能够坚持使用一整年。

一到春天，月季的长势就会变得十分旺盛，一边吸收水分和养分一边发芽，5月份开第一次花、6月份开第二次花、7月份开第三次花，在连续开花后就迎来了日本的夏季酷暑。然后秋季又会再次开花，一直开到晚秋，初冬时节才开始休眠。月季的根系就在这狭小的花盆中进行着所有的生长活动。

种植用土有一个重要条件一定要满足，就是维持土壤的团粒结构，它含有充足的空气层，能确保保水性与透气性。在这种土壤中微生物的活动能够得以活性化，且更有利于月季的根系吸收水分及养分，种苗能够毫无顾虑地生长、舒展。为此，在种植园里，人们会在最匹配的混合用土中加入特殊的氨基酸发酵肥料来进行种植。

挑选方法

月季是用来赏花的植物。然而，构想将其种在何种场所、如何造型，比让它开出怎样的花更为重要。

在选购月季时也要预先考虑好栽培场所再挑选品种。是攀缘在花篱和花门上，还是栽培成直立的灌木呢？无论如何要先决定好欣赏方式，这一点极为重要。

英国月季既可以培育得很高大，也可以培育得很矮小，可凭个人喜好选择。

如果想使其长得矮小，那通过修剪就能够达到目的，不过英国月季真正的价值在于它开放时如同瀑布一般的花量，而有很多高大的品种能够发挥这一优势，这一点也非常关键。

不仅仅是英国月季，要想使种植在庭院中的月季发挥其真正的价值，至少要等 3 年。

3 年过后，攀缘在花篱与花门上的英国月季长势超乎想象，每当你看到它们，对于月季栽培的信心都会一下子高涨起来吧！

金子治雄，园艺家。在1994 年开始的英国园艺潮勃兴时期，曾负责某大型家居建材商店的市场销售工作，专门从大卫·奥斯汀月季公司等英国公司引进小灌木系月季。现在他在"Minori Favorite Garden（实野里月季公司）"从事顾客月季教室等的月季顾问活动。

写真提供／大卫·奥斯汀月季公司、实野里月季公司

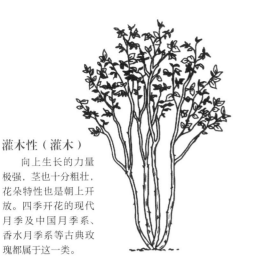

月季的基本树型

月季按照树型分类的话大致分为三类：灌木性（灌木、树状月季）、半蔓性（小灌木）、藤蔓性（攀缘、藤本月季）。

它们又分别根据不同的性质细分为花茎硬挺的品种及扩张性强的品种，等等。

只考虑花色及香型的喜好是不够的，还要考虑到一株月季栽培数年后会长成什么样的树型、大小是否理想，这一点非常重要。

灌木性（灌木）

向上生长的力量极强，茎也十分粗壮，花朵特性也是朝上开放。四季开花的现代月季及中国月季系、香水月季系等古典玫瑰都属于这一类。

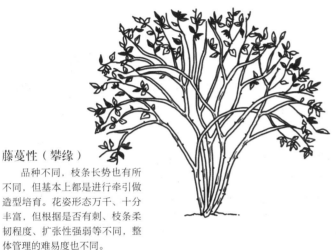

藤蔓性（攀缘）

品种不同，枝条长势也有所不同，但基本上都是进行牵引做造型培育。花姿形态万千、十分丰富，但根据是否有刺、枝条柔韧程度、扩张性强弱等不同，整体管理的难易度也不同。

半蔓性（小灌木）

这一树型种类处于灌木性与藤蔓性之间。既可以种植在盆中将其栽培得很矮小，也可以利用矮花篱进行牵引。花的种类也十分丰富，选择余地很大。

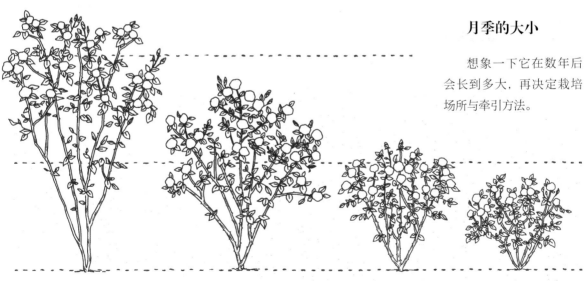

月季的大小

想象一下它在数年后会长到多大，再决定栽培场所与牵引方法。

2 米以上

这个大小的品种建议当作藤本月季来打理。最好固定在高大的花篱或墙面上。一季开花的品种在春天很有欣赏价值，枝叶的绿意也很有韵味。

1.5~2 米

这个大小的小灌木系、藤蔓性品种也建议利用花篱、墙面或花塔、花门等进行牵引栽培。一定要考虑到庭院的布局。

1~1.5 米

英国月季等小灌木系品种要种植在大型花器中，或是地栽也可以。

1 米以下

如果想种在花盆里或是庭院近前，最佳选择是那些地栽也很好养活的微型月季系或多花蔷薇、杂交茶香月季等现代月季，以及花量惊人的丰花月季系。

玫昂

Meilland（玫昂）是诞生于19世纪后期的知名法国园艺育种公司。从创业至今一直贯彻家族式经营模式，培育出了"和平"等为数众多的名花。洋溢着法国人热情的绚丽色彩以及馥郁的花香是其特征。

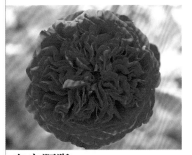

皇家胭脂 *Rouge Royale*

四分莲座型 四

香气怡人，花朵硕大，深红色花色非常引人注目。早春时易长盲枝，但放在那里不管也能开花。植株端正，频发新梢。要留意避免强剪与施肥过多。

株高150厘米·花径11厘米

维克多·雨果 *Victor Hugo*

半剑瓣型 四

花朵硕大，花色为厚重的大红色。花量多，虽然易于栽培但多刺。冬季可对又粗又长的新梢进行强剪。花名得名于19世纪的法国文豪。

株高150厘米·花径15厘米

红色达·芬奇
Red Leonardo da Vinci

莲座型 四

绯红色莲座型花朵看起来十分洋气，伴随开放逐渐透出粉色。枝条呈小灌木状、长势旺盛，可以当作造景月季来栽培。抗病性、耐寒性俱佳。

株高150厘米·花径8~9厘米

凡尔赛玫瑰
La Rose de Versailles

剑瓣高芯型 四

深红色大花朵质感如同天鹅绒一般，花量多、开放时间持久。树势旺盛、能长得很高大，抗病性也极强。花名得名于曾经轰动一时的少女漫画。

株高160厘米·花径13~14厘米

鸡尾酒 *Cocktail*

单瓣圆瓣平展型  四

单瓣的红色花瓣与花蕊处的黄色交相辉映、对比鲜明，开放次日黄色会变为白色。花量多，花期极迟，不断反复开花。枝条纤细、柔韧，易于牵引，抗病性强。

攀缘200厘米·花径6~8厘米

塞维利亚
La Sevillana

半重瓣平展型   四

朱红色花朵伴随开放由圆瓣高芯型逐渐变为半重瓣平展型，是极为茁壮、抗病性极强的品种。一般用作造景，保留大部分枝条、增加花量。光照强的地方也能够栽培。

株高100~120厘米·花径8厘米

克丽斯汀·迪奥 *Christian Dior*

剑瓣高芯型 四

花色为鲜艳的大红色，单花、花量多。枝条长势旺盛、直立性。植株苗壮，但在潮湿的时节要留意预防白粉病。花名得名于著名的时装设计师。

株高150~180厘米·花径10~15厘米

摩纳哥王子银禧
Jubilé du Prince de Monaco

剑瓣平展型 | 四

花朵硕大，花色为白色渐变鲜艳的红色，花量多。树势旺盛、呈扩张性，枝繁叶茂。是摩纳哥公国已故兰尼埃三世大公即位 50 周年的纪念品种。

株高80厘米·花径10厘米

玫昂爸爸 *Papa Meilland*

半剑瓣高芯型

这一品种是著名的黑玫瑰，香气馥郁、瓣质极佳，开放时间也很持久。需要留意预防白粉病、黑星病，定期喷洒农药。花名得名于培育者祖父的昵称——安东尼·玫昂。

株高150厘米·花径15厘米

图卢兹·罗特列克
Toulouse Lautrec

圆瓣芍药型 | 四

花瓣数多达 80 片、十分傲人，花量多，作为切花也很受欢迎。直立性枝条纤细、易垂，因此最好利用支柱做牵引并留意不要施肥过多。花名得名于法国画家。

株高150厘米·花径8厘米

安德烈·勒诺特尔
André le Nôtre

半剑瓣莲座型 | 四

花朵硕大、花色为柔和的杏色，兼具古典玫瑰的风情，一年四季都开放。亦适合种植在狭小的庭院中，由于其怕雨水，所以最好种植在屋檐下。

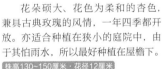

株高130~150厘米·花径12厘米

收获 *Fruite*

半剑瓣 | 四

初绽放时为杏色，伴随开放逐渐变为如同火烧云一般的朱红色。花量大、开放时间持久，盛开时花朵仿佛瀑布一般覆盖整个植株。呈半扩张性，分枝频繁，是非常茁壮的品种。

株高70~80厘米·花径6~8厘米

美丽的浪漫
Belle Romantica

杯型 | 四

深黄色小花朵缀满枝头。枝条呈半藤蔓状生长、树势旺盛，因此也可以作为藤本月季来种植。抗病性强，是茁壮、易于栽培的品种。

株高180厘米·花径6厘米

乌玫洛（居里夫人）*Umilo*

波状瓣环抱型 | 四

杏粉色花朵的中心晕染着橘色，外瓣呈波浪状。花期长，能够欣赏很长时间。虽然是直立性品种，但由于其粗枝长势旺盛，所以也可以当作藤本月季种植在狭小的空间里。

株高150~200厘米·花径7~8厘米

和平 *Peace*

半剑瓣高芯型 | 四

这一品种是代表 20 世纪的名花，在二战末期，人们抱着祈盼和平的愿望赋予了它这个名字。呈半扩张性树型，易于栽培，它在月季改良的历史上是一个重大转机。

株高120厘米·花径13~16厘米

法国系

87

粉红豹 *Pink Panther*

半剑瓣
高芯型 四

这个品种花量多、开放时间持久，抗病性强、易于栽培，非常适合新手。枝条呈半藤蔓状、长势旺盛，能长得很高大。为使其在秋季开花，要在8月中旬至下旬期间进行修剪。

株高180厘米·花径12~13厘米

麦卡特尼 *The McCartney Rose*

半剑瓣
高芯型 四

花量大，既有单花，也有成簇开放的花朵，抗病性极强。树势强健、粗枝长势旺盛，夏末即可长成半藤蔓状。它是以歌手保罗·麦卡特尼的名字来命名的。

株高120~150厘米·花径12厘米

伊芙伯爵 *Yves Piaget*

波状瓣
芍药型   四

带有玫粉色褶边的花瓣层层叠叠地紧贴在一起，花朵硕大，花容极为雍容华贵。既有单花，也有成簇开放的花朵，呈半扩张性树型，株型生长得很端正。

株高100厘米·花径14厘米

达芬奇 *Leonard da Vinci*

四分莲
座型  反

花朵硕大，花型优美，成簇开放且瓣质极佳，花量多、花期长，能欣赏好一阵子。新梢粗细适中、柔韧，是易于牵引、栽培的品种。

株高100~120厘米·花径8~10厘米

仙境
Carefree Wonder

圆瓣平
展型   四

花瓣表面为玫红色、背面为白色，有些花朵还带有白色的镶边和条纹。多花、花朵成簇、不断反复开放。呈半扩张性生长，一年比一年高大，只需轻剪一下就能增多花量。

株高80~100厘米·花径6.5厘米

摩纳哥公主
Princess de Monaco

半剑瓣
高芯型 四

白底带粉红色镶边，花量多、开放时间持久，是非常雅致的品种。稍有些不耐暑，四季开花性、枝条硬挺，做切花也十分适合。

株高120厘米·花径12~15厘米

博尼卡82
Bonica'82

圆瓣
展型   四

花量多，花朵如同瀑布一般覆盖整棵植株，大簇、爆发式开放。会结出许多果实，因此要将花蒂剪除。抗病性、耐寒性俱佳，是苗壮、易于栽培的品种。

株高80~100厘米·花径7厘米

蒂诺·罗西 *Tino Rossi*

 半剑瓣 高芯型 四

粉红色大花朵中心呈深粉色，花容甜美。发枝频繁，虽然生长缓慢但抗病性极强。花名得名于著名歌手。

株高100~120厘米·花径9厘米

龙沙宝石 *Pierre de Ronsard*

杯型  反

粉色花瓣越靠近外侧越泛白，花型具有古典风情，是很受欢迎的品种。成簇开放、垂头，花量多、开放时间持久。是攀缘性极强的藤本月季，修剪枝条后也能开很多花。

攀缘300厘米·花径9~12厘米

白色龙沙宝石
Blanc Pierre de Ronsard

莲座型  反

这一品种是"龙沙宝石"的枝变异，花朵中心的粉红色伴随开放逐渐变为纯白色。花量多、开放时间持久，冬季不论是横向牵引枝条还是短截之后都能开很多花。

攀缘300厘米·花径9~12厘米

玛蒂尔达 *Matilda*

圆瓣平展型   四

淡粉色镶边惹人喜爱，花色稍有些褪色感，但在秋季开放时会变成浓艳的粉色。花量多、开放时间持久，成大簇开放。枝条呈半扩张性、株型端正，是茁壮的品种。

株高80~90厘米·花径5~6厘米

粉若樱 *Pink Sakurina*

单瓣型 四

柔美的樱粉色花瓣与浅莲红的雄蕊搭配在一起十分美观。上一波花朵刚刚褪色凋谢，下一波花朵又紧随其后开放。可以当作小型藤本月季来打理，是耐干燥、抗病性强的品种。

株高80~100厘米·花径8厘米

白色梅蒂兰
Alba Meidiland

重瓣平展型    反

约10朵小花成簇开放。花期虽迟却能一直开到秋季。枝条纤细、能长得很长，可以利用植物攀爬架或花门做牵引。即使在半背阴处也能栽培。

攀缘100~300厘米·花径2~3厘米

玛丽亚·卡拉斯 *Maria Callas*

半剑瓣 高芯型 四

花型饱满、端正，开放时间持久。枝条呈半扩张性，植株能长得很茁壮，耐暑性、耐寒性俱佳，是易于栽培的品种。花名得名于具有传奇性的女高音歌唱家。

株高100~120厘米·花径12~14厘米

戴尔巴德

戴尔巴德（Delbard）公司总部位于法国中部奥弗涅地区的一条小街——马利科尔纳，是专门培育、生产月季、宿根草和果树的公司。1954年开始培育月季，出品的月季特征是富有法国风情的绚丽色调以及罗曼蒂克的花型。

法国系

欢迎 *Bienvenue*

莲座型

花瓣带有褶边和锯齿，花朵硕大、饱满，雍容华美。开放时稍垂头，可以当作小型藤本月季来打理，利用植物攀爬架或花篱等进行牵引，抗病性强。

株高180厘米·花径8~10厘米

纪念芭芭拉 *Hommage à Barbara*

圆瓣环抱型

红色花瓣如同天鹅绒，花量多、开放时间持久，由春至秋不断反复开放。极为茁壮。植株矮小、株型自然而端正，极为适合盆栽。

株高80厘米·花径6~8厘米

莫利纳尔玫瑰
La Rose de Molinard

杯型

花朵硕大、花色为淡粉色，在长长的新梢顶端必会开出成簇的花朵来。能够长成极为茁壮的大型小灌木，天然树型亦十分美观，但也可以利用花门等进行牵引。

株高150厘米·花径8~10厘米

桃子糖果 *Pêche Bonbons*

杯型

在带有锯齿的淡黄色花瓣上可见粉色镶边和若有若无的条纹，花容富有韵味。能长成较为高大的植株，因此也可以当作藤本月季来打理。

株高180厘米·花径10厘米

风中玫瑰 *Rose des 4 Vents*

杯型

花瓣层层叠叠、边缘带有锯齿，夏季时深红色也不褪色一分，不断反复开放。树型矮小而端正，施肥后树势会变得更为旺盛、花量也会增多。

株高100厘米·花径8~12厘米

美里玫瑰 *Chant Rosé Misato*

杯型

伴随开放，花色由深粉色变为略带淡紫色的粉色，开放时间持久。直立性丛状形十分秀美，耐强剪，也很适合盆栽。长势旺盛且抗病性强，新手也能养活。

株高150厘米·花径8~10厘米

蒙马特共和国
République de Montmartre

莲座型

这一品种抗病性极强，喷洒最低限度的农药就好，盛夏时节也能接连开花、耐暑性佳。横向扩张的枝条向斜上方生长，也可以当作小型藤本月季来打理。

株高130厘米·花径8厘米

情书 *Billet Doux*

亮粉色花瓣带有白色条纹，独具个性。成簇开放、花量极多，虽然花期迟但能一直开放至秋末。也可以当作小型藤本月季来栽培，抗病性强。

株高150厘米·花径8厘米

庞巴度玫瑰 *Rose Pompadour*

玫粉色花朵呈杯型，伴随开放逐渐变为粉紫色的莲座型。枝条柔韧，叶片抗病性强。耐强剪，也可以种植在花盆中欣赏。

株高150厘米·花径10~12厘米

多米尼克·卢瓦佐 *Dominique Loiseau*

纯白色花瓣中可见黄色花蕊，成簇开放、花量多，由春至秋都能欣赏。株型矮小、抗病性强，长势旺盛。可以当作造景月季来栽培，好养活。

株高80厘米·花径6厘米

娜荷马 *Nahéma*

花色为优雅的淡粉色，成簇开放，花量多、开放时间持久。通常会在直立的、长长的新梢顶端开花。花瓣有时会被雨淋伤，是苗壮、易于栽培的品种。

攀缘180厘米·花径8~10厘米

白色瀑布 *Blanche Cascade*

小巧可爱的花朵成大簇开放，一经调谢紧接着就会再次开花。株型矮小，因此适合种植在花坛前面或是盆栽。花名"Blanche Cascade"在法语中的含义为"白色的瀑布"。

株高60厘米·花径2~3厘米

微风 *Brise*

圆溜溜的花型惹人喜爱，成簇开放。抗病性强，易于栽培。直立性，粗壮的新梢长势旺盛，在顶端开花。施肥过多会造成秋季花量变少。

株高150厘米·花径6~8厘米

费加罗夫人 *Madame Figaro*

可爱的淡粉色花朵呈杯型，秋季时会变为深杯型，成簇开放、花量多。枝条柔韧，上方枝条不断扩张，树型矮小、也适合盆栽。

株高100厘米·花径8~10厘米

保罗·塞尚 Paul Cézanne

杯型 四

花瓣带有明黄色与粉色的扎染状条纹，花瓣顶端呈深锯齿状。少刺，春季以后柔韧的新梢会不断生长并开花，因此要用支柱进行牵引。要留意预防黑星病。

株高120厘米·花径8~10厘米

盖伊萨瓦
Guy Savoy

环抱型 四

波纹状的红色花瓣带有扎染状的粉色条纹，成簇开放。抗病性强、长势旺盛，也可当作小型藤本月季来欣赏。花名得名于巴黎的米其林三星餐厅主厨。

株高180厘米·花径8~10厘米

美丽的主 Belle de Seigneur

圆瓣高芯型 四

花朵硕大，浅杏色中透着些许琥珀色，越靠近中心越呈现出橘红色。花朵开放时间持久，四季开花性强、植株苗壮。树型端正，亦适合盆栽。

株高100厘米·花径10厘米

红色直觉 Red Intuition

剑瓣高芯型 四

深红色花瓣落落大方，带有鲜艳的深粉色扎染状条纹。花量较多，开放时间持久。能长成较为高大的直立性植株，只要适度施肥、定期喷洒农药就能够顺利生长。

株高120厘米·花径10厘米

莫里斯·尤特里罗 Maurice Utrillo

平展型 四

褶状的深红色花瓣带有黄白色的扎染状条纹，开放时间持久且不断反复开放。植株端正、呈直立性。抗病性、耐暑性俱佳，长势旺盛。花名得名于著名画家。

株高120厘米·花径8~10厘米

金璀璨
Soleil Vertical

波状瓣平展型 四

黄色花瓣带有锯齿和褶边，花容雍容华美。少刺，柔韧的新梢长势旺盛。是苗壮、抗病性强的小型攀缘性月季。

株高180厘米·花径6~8厘米

克劳德·莫奈 Claude Monet

莲座型 四

粉色花瓣带有浅橘黄色的扎染状条纹，花瓣边缘的褶边十分惹人喜爱。伴随开放由杯型逐渐变为莲座型。四季开花性强、抗病性也很强，属于中等大小的小灌木，亦可盆栽。

株高100厘米·花径8厘米

卡米耶·毕沙罗 Camille Pissarro

圆瓣高芯型 四

黄、白、粉渐变的花瓣上带有细细的红色扎染状条纹。植株矮小、呈灌木性，亦适合盆栽。花名得名于19世纪法国的印象派画家。

株高100厘米·花径6~8厘米

忧郁的母亲 *Mamy Blue*

 剑瓣高芯型 四

花色为接近于蓝色的紫色、花瓣很多，花型端庄。四季开花性强。呈半直立性，也常发新梢，因此算是易于打理的树型。施肥过多或淋雨有可能造成花朵不能全开。**株高100厘米·花径8~10厘米**

帕尔马修道院
Chartreuse de Parme

 圆瓣高芯型 四

气温越低，紫色的花瓣就越呈剑瓣状、也越密，雍容华贵、香气怡人。植株恣意横向扩张，因此要注意修剪向斜上方生长的枝条来打造树型，还需留意预防黑星病。**株高120厘米·花径10~12厘米**

法国电台 *France Info*

杯型 四

波纹状花瓣为鲜艳的黄色，花朵呈深杯型开放。夏季之后花枝长势旺盛，但要进行强剪，这样来年春天开花时才能维持矮小的株型。要留意预防因多雨引起的黑星病。**株高100厘米·花径8~10厘米**

女香 *Dioressence*

 圆瓣高芯型 四

花瓣为薰衣草色，外瓣晕染着些许红色，瓣质厚实、不易受损。植株矮小，亦适合盆栽。只要适当施肥，在第二次开花后也能常常开花。需要留意预防白粉病、黑星病。**株高100厘米·花径8~10厘米**

甜蜜生活 *La Dolce Vita*

杯型 四

黄色花朵上晕染着橘黄色，成簇开放、花量惊人、开放时间持久。春季开花过后要充分短截再施肥，这样做能使花朵不断反复开放至秋季。植株矮小，也很适合盆栽。**株高80厘米·花径6~8厘米**

西奈尔吉克玫瑰 *Rose Synergique*

 圆瓣环抱型  四

花色会根据气温变化，越靠近冷凉地蓝色就会越重。精致的花瓣极易被雨水淋伤，但在蓝色系香型月季中已经算是少有的、具有抗病性的苗壮品种了。**株高150厘米·花径8~10厘米**

变色龙
Pur Caprice

半重瓣型 四

纤细的花瓣扭曲着开放。初绽放时花色为淡黄与深粉渐变，伴随开放最终由乳白色变为绿色。次第开花，株型矮小但茁壮。**株高100厘米·花径6~8厘米**

吉约

Guillot（吉约）是法国的著名月季育种公司，它培育出了全世界第一株杂交茶香月季"法兰西"（1867 年）。多年来不断扩展"杰内罗萨月季"系列，其特征是花朵大小适中、具强香，花量多、开放时间持久。

法国系

莫妮克·戴维 *Monique Darve*

莲座型　多

中心处的花色稍深一些，花瓣顶端带有小尖、向外翻翘。花朵成簇开放、花量多，不断反复开花。树势生长缓慢，植株矮小，因此要避免强剪，使其慢慢生长。

株高80厘米·花径9~12厘米

阿芒迪娜·夏奈尔
Amandine Chanel

杯型　多

花瓣为覆盆子粉色，成簇开放。树势旺盛，即使在冬天将直立生长的粗壮新梢强剪掉次年也能开花。只要定期喷洒农药就能顺利生长。

株高180厘米·花径6~8厘米

索尼亚·里基尔 *Sonia Rykiel*

四分莲座型　四

花朵硕大、呈杯型，伴随开放逐渐变为四分莲座型。枝条纤细柔韧、易于牵引，但由于花朵太多，植株有时会被雨淋倒变得凌乱不堪。培育这个品种是为了向同名设计师致敬。

株高150厘米·花径10~12厘米

保罗·博库斯 *Paul Bocuse*

莲座型　多

花朵硕大、花色为浅杏色、成簇开放，花量多、开放时间持久。植株苗壮，不断反复开花。花枝硬挺、新梢能够直立生长得很长，因此也可以当作小型藤本月季来欣赏。

株高180厘米·花径6~10厘米

丹·庞塞特 *Dan Poncet*

莲座型　四

花色鲜艳、深红色与深粉色混合在一起，花瓣边缘可见镶边。花瓣顶端略呈小尖状，花量多。植株矮小而端正，是易于盆栽的品种。

株高60厘米·花径6~8厘米

拉杜丽 *Laduree*

四分莲座型　反

圆溜溜的粉色花朵成簇开放，开放时间持久。新梢长势旺盛、能长得很高，冬天即使进行强剪次年也能开花。树势旺盛、抗病性强，植株能长得很高大。

攀缘200厘米·花径8~10厘米

波尔多玫瑰 *La Rose Bordeaux*

杯型　四

花朵富有个性、花瓣顶端呈小尖状挺立，成簇开放。花量极多。枝条直立生长，至上方稍扩张呈半直立性。只要在栽培时维持矮小的株型就能开很多花。要留意预防黑星病。

株高120厘米·花径5~6厘米

雷杜德奖 *Prix P.J. Redoute*

杯型　多

粉色花朵中心晕染着杏色，伴随开放逐渐变浅。枝条柔韧、花朵成簇开放，混合了茉莉香、铃兰香与香草香等的复杂香气也极富魅力。

株高180厘米·花径6~8厘米

乔治·丹金 *Georges Denjean*

莲座型   四

花色为深黄色，伴随开放逐渐变为乳黄色，花瓣边缘带有粉色的晕染。花量多，植株茁壮。枝条挺立，株型矮小，适合种植在狭小的空间内与花盆中。

株高80厘米·花径5~6厘米

希望 *L'espoir*

波状瓣半重瓣型 多

花量多、成簇开放，矮小的树型适合栽培在花坛中或是盆栽。花名来源于支援日本大地震重建事业，因此寓意为"希望"，这一品种的部分销售所得被捐献给日本。

株高80厘米·花径6~8厘米

艾格尼丝 *Agnès Schilliger*

莲座型   四

花型复杂、褶边极多，花色根据季节变化。花朵成簇开放，花量多、开放时间持久。反季开放的花量不多。枝条长长后不论是牵引还是修剪都不妨碍开花。

株高100厘米·花径8~10厘米

马克·安东尼·夏庞蒂埃
Marc Antoine Charpentier

杯型   四

花色极为优美，由黄色渐变为乳白色、再到白色，花瓣顶端呈小尖状亦是其特征。枝条纤细但柔韧，长长后由于花量多，所以整体植株令人感觉很饱满。拥有细腻的香气。

株高150厘米·花径6~8厘米

艾莲·吉列 *Eliane Gillet*

莲座型 多

红色花苞令人印象深刻，绽放后花朵变为白色，花瓣外侧稍稍晕染着一些红色镶边。花朵硕大、花量多，亮泽的深绿色光叶亦十分美观。

株高100厘米·花径6~8厘米

尚塔尔·汤玛斯
Chantal Thomass

杯型 四

淡粉色中混合着琥珀色。柔韧的枝条上开满了小巧可爱的圆形花朵。散发出细腻的香气，令人联想到茴芹。

攀缘200厘米·花径6~8厘米

吉恩·蒂尔尼 *Gene Tierney*

莲座型   四

花朵呈环抱状，成大簇开放，花量多。枝条稍显纤细但十分硬挺，能长成中等高度的竖长型植株。由于其对宽度没有要求，因此也很适合栽培在狭小的场所或是盆栽。

株高100厘米·花径6~8厘米

百丽埃斯皮诺斯
Belle d'Espinouse

莲座型 四

在鲜明的紫红色花瓣上带有白色的扎染状条纹，至秋季色更浓。花朵大小适中、成簇开放，花量极多。树型矮小而端正，易于栽培。喜阳。

株高70厘米·花径6~8厘米

佛罗伦萨·德拉特
Florence Delattre

绒球型 反

花色如梦似幻，绒球型花朵柔美而饱满。植株一长便开花，花朵像花束一般成簇开放。柔韧的枝条长势旺盛，冬天即使进行强剪次年也能开花，亦可牵引。

攀缘200厘米·花径5~6厘米

多里厄

Dorieux（多里厄）是月季育种、生产公司，它的总部位于法国东南部距离里昂不太远的一个名叫蒙塔尼的小村庄里。在弗朗西斯·玫昂的建议下于1940年开始生产月季花苗。现在从事育种、研发、苗木生产的人是创始者的两名孙子。

紫香 *Violette Parfumée*

圆瓣高芯型　四

带有褶边的花瓣优美地重叠在一起，伴随开放由圆瓣高芯型逐渐变为杯型，花色亦由浓转淡。树势旺盛，灌木性、爆发式开花，能长成中等大小的植株，十分苗壮。

株高130厘米·花径8厘米

新幻想 *New Imagine*

杯型　多

带有白色与深紫红色的扎染状条纹，非常美丽，花量多。长势旺盛且易于栽培，呈半直立性树型，伴随生长不断扩张，能长成较为高大的植株。自立也可以，作为藤本月季也很方便进行牵引。

株高150厘米·花径6厘米

奥秘 *Mysteriuse*

半重瓣杯型　反

深蓝紫色花朵带着若有若无的扎染状条纹，伴随开放由杯型逐渐变为平展型，在柔韧的枝条顶端成簇开放。半直立性树型，树势虽然旺盛，但需留意预防黑星病。

株高150厘米·花径6厘米

圣谷修道院
Abbaye de Valsainte

半剑瓣高芯型　四

浅粉紫色花瓣向外翻卷着、看起来非常美丽，花型独具个性、偶可见双心。四季开花性强，不论是盆栽还是地栽在庭院里都很适宜，是中等高度的灌木性品种。

株高100厘米·花径10厘米

安纳普尔纳雪山
Annapurna

圆瓣高芯型　四

纯白色花朵伴随开放由标准的高芯型逐渐变为莲座型。四季开花性强，灌木性树型、中等高度，因此不论是盆栽还是地栽在庭院里都很适宜。花名得名于喜马拉雅山脉的名山。

株高100厘米·花径8厘米

太阳仙子 *Friesia*

圆瓣平展型 四

花色为深黄色，不易褪色，耐雨淋。花朵成簇开放，花量多。茶香馥郁。避免强剪，使其长高一些再开花。

株高70~80厘米・花径10~12厘米

卡尔・普罗波格 *Karl Ploberger*

圆瓣杯型 四

花色为亮黄色、越靠近中心花色越深，花型为圆瓣杯型。花朵开放时间持久，四季开花性强。枝条长势旺盛，耐寒性、抗病性俱佳。

株高150厘米・花径6.5厘米

科德斯

Kordes（科德斯）月季育种公司总部位于德国的斯帕瑞休博。培育出的月季特征为：花容优美，且具有能够与德国北部严峻气候相抗衡的强健性。这些品种全都能令人联想到德国人质朴刚健的气质。

德国系

咖啡 *Café*

圆瓣杯型 四

花色独具个性，广受欢迎。数朵花成簇开放，花量极多。树型呈扩张性，结实的枝条长势旺盛。需要定期喷洒农药。

株高80厘米・花径8厘米

齐格弗里德 *Siegfried*

莲座型 四

瓣质如同羊毛毡垫一般厚实、花色为深红色，伴随开放由环抱型逐渐变为莲座型。瓣质佳，花朵开放时间持久。半直立性树型，株型端正。是茁壮而易于栽培的品种。

株高150厘米・花径10厘米

鹅妈妈 *Frau Holle*

圆瓣单瓣型 四

花色为纯白色，花型为单瓣型。小小的花朵如同瀑布一般开满整棵植株。叶片为深绿色的光叶，抗病性强。树势旺盛，冬季可按照自己的喜好修剪树型。

株高100厘米・花径7厘米

科德斯庆典 *Kordes' Jubilee*

圆瓣莲座型 四

初绽放时为黄色，伴随开放外瓣逐渐染上红色。花朵堪称巨大，花径达12-15厘米。种植在温暖地区时呈半蔓性，强剪后则生长成灌木性株型。对于黑星病抵抗力极强。

攀缘200~250厘米・花径12~15厘米

佛罗伦蒂娜 *Florentina*

圆瓣杯型 反

深红色花朵大小适中，呈杯型。花量多、开放时间持久，春天过后也会反季开花。少刺、枝条纤细，易于牵引，花朵从植株根部的枝条开始由下至上开放。抗病性强。

攀缘200~250厘米・花径7~9厘米

超级埃克塞尔萨
Super Excelsa

绒球型

　　深玫粉色的小花朵成簇开放，将枝条坠得垂下。只要保留花蒂就能结出大量果实。枝条纤细柔韧，大部分牵引方式都适合。

攀缘200厘米・花径5厘米

夏晨 *Sommermorgen*

半重瓣型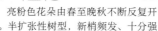

　　亮粉色花朵由春至晚秋不断反复开放。半扩张性树型，新梢频发、十分强健。抗病性强，是非常茁壮的品种。

株高60~80厘米・花径5~6.5厘米

亚斯米娜 *Jasmina*

四分杯型

　　花蕊部分呈深粉色，越靠外花瓣颜色越浅。花瓣为优美的心形，带有香皂一般的香气。植株长实后秋季会反季开花。抗病性强。

攀缘200~300厘米・花径5~7厘米

艾拉绒球 *Pomponella*

杯型

　　圆溜溜的花朵呈深桃粉色，既有单花，也有2-15朵的花朵成簇开放。花量大、开放时间持久。春季过后也会不断反复开花。适用于多种牵引方式。

攀缘200厘米・花径4厘米

灰姑娘 *Cinderella*

圆瓣四分杯型

　　花瓣数量多，呈柔和的粉色，杯状外瓣环抱着莲座状内瓣。花量多、开放时间持久。冬季即使进行强剪次年也能开花，对于黑星病抵抗力极强，是非常茁壮的品种。

攀缘200~300厘米・花径5~7厘米

家 & 花园
Home and Garden

莲座型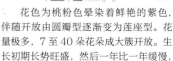

　　花色为桃粉色晕染着鲜艳的紫色，伴随开放由圆瓣型逐渐变为莲座型。花量极多，7至40朵花朵成大簇开放。生长初期长势旺盛，然后一年比一年缓慢，最后长成端正的株型。

株高60~100厘米・花径6~7厘米

诺瓦利斯 *Novalis*

杯型

　　花色为亮紫色，花瓣顶端呈小尖状、向外翻卷，十分独特。在蓝色月季系中最为茁壮、易栽培。枝条硬挺，植株能生长得十分结实。

株高150厘米・花径9厘米

安吉拉 *Angela*

杯型

　　小花朵呈鲜艳的粉色且成大簇开放，遍布整棵植株，开放时间持久。枝条茁壮，可以利用各种各样的支撑物进行牵引。只要冬季进行强剪，次年就能像树状月季一样开花。

攀缘300厘米・花径4厘米

康斯坦斯・莫扎特
Constanze Mozart

半剑瓣高芯型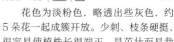

　　花色为淡粉色，略透出些灰色，约5朵花一起成簇开放。少刺、枝条硬挺，很容易使植株长得端正。是茁壮而易栽培的品种。

株高130厘米・花径8~10厘米

汉斯·戈纳文 Hans Gönewein

 圆瓣杯型 | 四 |

　　粉色花朵呈杯型，多花，秋天也常常开放。频发新梢，因此可以当作小型藤本月季来种植，抗病性强。

株高150厘米·花径4.5厘米

歌德玫瑰 Goethe Rose

波状瓣杯型 | 四 |

　　花色为深玫红色，花瓣数多，花型雍容华贵。在长长的花茎上开一朵单花，散发出甜香，因此极适合做切花。耐寒性、耐暑性俱佳。

株高150厘米·花径12厘米

Tantau（坦陶）月季育种公司总部位于德国的于特森。它致力于育种，培育出的各种园艺月季与切花月季均享誉全球。

坦陶

德国系

藤本历史 History (Cl.)

莲座型 | 四 |

　　这一品种是灌木性"历史"的枝变异，它们的花色、花型、特性都相同。树势旺盛，移栽后不久就能长实开花。植株茁壮，易于栽培。

攀缘300厘米·花径10~12厘米

永恒的腮红 Perennial Blush

 圆瓣平展型 | 四 |

　　小花朵由白转淡桃粉色、成大簇开放，次第开花。四季开花性强。枝条稍显纤细，易于牵引。耐暑性、耐寒性、抗病性俱佳。

攀缘250厘米·花径2.5厘米

柯莱特 Camelot

圆瓣平展型 | 反 |

　　粉色花瓣打开后可见深粉色斑点、十分罕见，外瓣呈波浪状。强香，不断反复开放。少刺，易于栽培，茁壮。

攀缘250~300厘米·花径8~10厘米

玛丽亚泰丽莎 Mariatheresia

四分莲座型 | 四 |

　　中心呈深桃粉色，越往外越淡，4、5朵花成簇开放。花量多，开放时间持久。光叶十分美观，树势亦旺盛。是生长状况良好的茁壮品种。

株高150厘米·花径6~7厘米

拉维尼娅 Lawinia

半剑瓣高芯型 | 四 |

　　珊瑚粉色的花朵十分美丽，开放时稍垂头。一直开花至晚秋，耐寒性也很强。既可以强剪，也可以利用花篱等平面支撑物进行牵引。

攀缘200~280厘米·花径9~10厘米

蓝月
Blue Moon

是紫藤色花朵的代表之一。拥有蓝色月季系馥郁的芳香。花量多、开放时间较为持久。只要充分施肥就能二次开花。

株高150厘米·花径15厘米

撒哈拉98 *Sahara'98*

伴随开放由黄色逐渐变为橘黄色，越晒太阳显色越美丽。花量多、开放时间持久，秋季也常常开花。扩张性树型、长势旺盛，是茁壮的品种。

攀缘250厘米·花径7～8厘米

永恒蓝色 *Perennial Blue*

深紫色花瓣的根部为白色，花朵娇小。数十朵花密集呈球状花簇开放。植株长实后秋季亦开花。抗病性极强。

攀缘250厘米·花径2～3厘米

怀旧
Nostalgie

伴随开放花瓣边缘逐渐晕染上红色，气候越凉爽颜色越鲜明。花量极多、成簇开放，开放时间亦持久。频发新梢，有时也会长成半藤蔓状。

株高90～150厘米·花径7.5～9厘米

阿耳忒弥斯 *Artemis*

白色小花朵晕染着乳白色，呈杯型。花量多，开放时间持久，散发出清爽的茴芹香。光叶，抗病性强，植株整体十分美观。

株高180厘米·花径6厘米

蓝雨 *Rainy Blue*

花朵大小适中，柔美的紫色中略带些蓝色。植株长实后开出成簇的花朵。四季开花性强。灰绿色叶片与花朵交相辉映、极富魅力。抗病性强。

攀缘150厘米·花径6厘米

洛可可 *Rokoko*

花色细腻，花瓣呈大波浪状，直至开败时都十分美丽。花朵成簇开放，花量多、开放时间持久。攀缘性强，因此可以利用墙面做牵引，亦可强剪。

攀缘300厘米·花径11～14厘米

德国系

藤本月季

Climbing Roses

藤本月季的1年

	1	2	3	4	5	6	7	8	9	10	11	12月
	休眠				开花	二次·三次开花（四季开花品种）				开花（秋季开花品种）	休眠	
	冬季底肥		发芽肥		礼肥		夏季底肥（秋季开花品种）				礼肥	冬季底肥（秋季开过花的品种）
							使新梢向上生长					
	修剪与牵引				剪花					剪花（秋季开过花的品种）		

※ 以中间的（即冷凉地与热暖地之间）为基准

藤本月季枝繁叶茂，因此不仅要在开花后施礼肥，还要在夏季施底肥。

藤本月季

利用墙面与花篱进行牵引用来装饰庭院空间的月季

　　枝条长势极为旺盛的月季称为藤本月季，春季开大量的花。之后主要生长枝条，因此大多数都是一季开花性。也有多次开花性与反季开花性等品种。虽说是藤本，但它不能凭一己之力缠绕到支架上。长势旺盛的品种枝条一年可以生长 4~5 米，因此必须通过牵引和修剪做造型。窍门在于，配合想做出的造景来挑选长势与枝条硬度都合适的品种。

蓝雨
Rainy Blue
系统：攀缘月季（Cl）
育出国：德国
攀缘：150 厘米
花径：6 厘米
　　紫色花朵略微透出些蓝色，给人一种细腻柔美的感觉，但它其实是非常茁壮、易于栽培的品种。灰绿色的小叶片亦十分可爱。（→参考 P100）

第一次挑选藤本月季

　　你的第一株藤本月季，要选择花量多、叶形优美、少刺的品种。并且要选择枝条柔韧、易于牵引的品种来做基本造型。

建议用麻绳来进行牵引

　　在将藤本月季纤细的枝条牵引至窗边或花篱旁时，可以巧妙地运用麻绳。麻绳既不会伤到剪刀，而且在脱落后会化为泥土，是环保素材。

藤本月季

藤本山姆·麦格雷迪夫人
Mrs.Sam McGredy(Cl.)

剑瓣高芯型

红铜色花朵独具个性，既有单花，也有数朵成簇开放的花。花量多，时有反季开花。树势旺盛，枝条略硬挺。

攀缘400厘米·花径9厘米

基尤漫步者 *Kew Rambler*

单瓣型

粉色小花朵的花瓣根部呈白色，成圆锥状大簇开放，盛开时美丽无双。新梢频发，有大刺。对黑星病抵抗力较强，但需留意预防叶蜱和白粉病。

攀缘600厘米·花径3厘米

西班牙美人 *Spanish Beauty*

半重瓣型

这一品种是有名的粉色藤本月季。花瓣边缘呈波浪状，香气甜美。花期早、开放时垂头，因此最好牵引至较高的位置上。新梢长势旺盛，虽有刺但易于打理。

攀缘400厘米·花径10厘米

艾伯丁 *Albertine*

杯型

花色为肉粉色、十分悦目，花量惊人。茶香怡人、长势旺盛、呈扩张性。抗病性强，树势极为旺盛但有尖锐的刺，因此在打理时要小心。

攀缘500厘米·花径9厘米

弗朗索瓦·朱朗维尔 *François Juranville*

莲座型

花色为肉粉色，花香甜美，花量也极多。植株非常苗壮、新梢长势旺盛。枝条纤细少刺，横向生长。亮泽的光叶抗病性极强。

攀缘800厘米·花径7厘米

粉色漫步者 *Blush Rambler*

半重瓣型

花色为淡粉色，花瓣顶端颜色变深。花量惊人，成大簇开放、一簇里约有20朵花。多刺。植株苗壮、易于栽培，对于白粉病抵抗力稍弱。

攀缘400厘米·花径3厘米

五月皇后 *May Queen*

莲座型

花色呈丁香粉色，花型十分美丽，花量也很多。纤细的枝条向水平方向生长且长势旺盛，因此适合用较矮的花篱进行牵引，但不适合种在狭小的场所。需要留意预防各种病害。

攀缘600厘米·花径7厘米

邦妮 *Bonny*

圆瓣平展型

花型独特，花色为肉粉色，伴随开放逐渐变为粉红色。4、5朵花成簇开放。有少量反季开花。枝条长势旺盛，柔韧、易于打理。长有许多朝下的尖刺。

攀缘300厘米·花径4厘米

彼得·洛在格 *Peter Rosegger*

重瓣型

粉色的花朵伴随植株长实，花瓣也不断增多，愈发美丽。光叶十分美观，散发出淡淡的香气，反季开花。枝条呈放射状、长势旺盛，耐寒性也很强。

攀缘350厘米·花径5厘米

藤本月季

克莱尔·马丁
Clair Matin

半重瓣型 多

"Clair Matin"在法语中意为"明亮的早晨"。其花色为清新的淡桃粉色，花朵成簇开放。时常反季开花，树型与灌木性月季有些相似。枝条坚硬，抗病性强。

攀缘300厘米·花径7厘米

保罗·特兰森 *Paul Transon*

莲座型

肉粉色花朵初绽放时为莲座型，花蕊可见纽扣心，伴随开放花型逐渐变得如同大丽花一般。5朵左右的花朵成簇开放。枝条柔韧，植株茁壮、好养活。

攀缘500厘米·花径7厘米

藤本奥菲莉亚 *Ophelia (Cl.)*

剑瓣高芯型 四

名花"奥菲莉亚"的藤蔓性品种。淡粉色花朵密密地成簇开放，雍容华美且散发出高雅的香气。花瓣根部晕染着若有若无的黄色。枝条稀疏但攀缘性强。

攀缘400厘米·花径9厘米

春霞 *Harugasumi*

半重瓣型

这一品种是"藤本夏之雪"的枝变异。数朵粉花成大簇开放。花量多，秋季偶有反季开花。枝繁叶茂、枝条无刺，可以随心所欲地进行牵引。

攀缘500厘米·花径6厘米

保罗·诺埃尔 *Paul Noël*

莲座型

花型独特，花色由肉粉色逐渐变为粉红色。有少量反季开花，枝条柔韧、长势旺盛，易于打理。长有很多朝下的尖刺。耐寒性、抗病性俱佳。

攀缘500厘米·花径7厘米

花旗藤 *American Pillar*

单瓣平
展型

花色为玫红色、花瓣底部为白色，黄色雄蕊非常醒目。植株极为苗壮、枝条长势旺盛，适合用来覆盖高大的花篱或宽大的墙面。需要留意硬刺。秋季果实亦十分美观。

攀缘500厘米·花径6厘米

茶香漫步者 *Tea Rambler*

重瓣型

柔美的粉色花朵伴随开放逐渐褪色，整棵植株上的花朵颜色深浅不一、浓淡相宜。波浪状花瓣也很优雅。成簇开放的花朵会覆盖整棵植株。枝条较粗，长势旺盛。刺尖锐。

攀缘500厘米·花径6厘米

大游行 *Parade*

圆瓣杯型

深玫红色花朵花瓣数极多，十分雍容华贵。花量多、开放时间持久，春天过后也常常反季开花。树势极为旺盛，易栽培但刺尖锐，需要留意。

攀缘500厘米·花径10厘米

多萝西·帕金斯
Dorothy Perkins

绒球型

深粉色花朵成圆锥形大簇开放，开放时间持久，是花期最晚的品种之一。光叶茂密、长势旺盛，在寒冷地区及背阴处也能生长，但需留意预防白粉病。

攀缘600厘米·花径3厘米

新曙光 *New Dawn*

半剑瓣
高芯型

这一品种是极具人气的藤本月季。约5朵淡粉色花朵成簇开放。春季过后也偶有反季开花。新梢攀缘性极强，多刺。抗病性强，在光照不充足的地方与半背阴处也能生长。

攀缘600厘米·花径8厘米

海华沙 *Hiawatha*

单瓣型

质朴的玫红色单瓣花朵与任何植物搭配起来都很协调。柔韧的枝条攀缘性强，基本上向水平方向生长。耐暑性、耐寒性俱佳，新手也能养好。日语名为"胜哄"。

攀缘600厘米·花径3厘米

梅格 *Meg*

圆瓣平
展型

花朵硕大，杏色花瓣配上红色花蕊极为美丽。偶有反季开花，只要不摘除花蒂秋季就能结出大果。枝条呈扩张性、植株极为苗壮，因此新手也能养活。

攀缘500厘米·花径10厘米

藤本夏之雪 *Summer Snow (Cl.)*

半重瓣平展型  反

白色花瓣呈波浪状。花量极多，盛开时几乎覆满整棵植株。枝条柔韧无刺，可以随心所欲地进行牵引。即使染上白粉病也不影响长势，但需留意预防叶蝉。

攀缘500厘米·花径6厘米

阿贝卡·巴比埃 *Alberic Barbie*

莲座型 一

花色为象牙色。数朵花成簇开放，花量极多。枝条柔韧、匍匐。植株长势旺盛，横向生长能超过 5 米。抗病性强，因此栽培时无须喷洒农药。

攀缘600厘米·花径7厘米

藤本白色圣诞
White Christmas (Cl.)

半剑瓣型 一

这一品种是名花"白色圣诞"的藤本型。同样具有怡人的芳香。花量多，许多硕大的花朵同时开放、很有看头，但不耐雨淋这一点是个缺憾。

攀缘500厘米·花径12厘米

约克郡 *City of York*

半重瓣型 一

花苞呈淡黄色，一旦开花就立即变为纯白色，极为美丽。横向生长且长势旺盛，柔韧的枝条易于牵引。抗病性一般，因此需要定期喷洒农药。

攀缘600厘米·花径7厘米

阳光白 *Sunnyside White*

单瓣平展型 反

清秀的单瓣白花朵与黄色雄蕊交相辉映。花量多，反季开花，这在蔓性蔷薇中极为罕见。枝条纤细柔韧，可以广泛利用低矮的花篱等支撑物进行牵引。

攀缘400厘米·花径3厘米

藤本冰山 *Iceberg (Cl.)*

半重瓣平展型 一

花量惊人，约 10 朵纯白色花朵成大簇开放。枝条茁壮，需留意预防黑斑病，但长势旺盛且耐寒性强。

攀缘500厘米·花径8厘米

桑达白漫步者 *Sanders White Rambler*

圆瓣半重瓣型

花色为纯白色，许多花朵成簇开放。多小刺。开放时花枝下垂，因此适合使枝条垂下的牵引方式。植株茁壮、易于栽培，甜美的芳香也是其魅力所在。

攀缘600厘米·花径4.5厘米

金翅雀 *Goldfinch*

 平展型

伴随开放花色由淡奶油色逐渐变为象牙色。7~10 朵小花成簇开放，枝繁叶茂。夏季偶尔会因为叶蝉落叶，但秋季就会长回来。

攀缘400厘米・花径4厘米

菲丽西黛与珀佩图 *Felicité et Perpétue*

绒球型

花苞为粉色，但一旦开花就会变为纯白色。花瓣多达 40 枚以上，5、6 朵小花成簇开放。叶片呈深绿色，十分美丽。植株茁壮、抗病性强，易于栽培。

攀缘500厘米・花径3厘米

丽姬芳达 *Lykkefund*

 半重瓣型

初绽放时中心部呈黄色，伴随开放逐渐变白。这一品种成大簇开放，不论是叶子还是秋季结出的果实都十分美观。枝条长势旺盛、少刺，因此易于打理。

攀缘500厘米・花径4厘米

波比·詹姆斯
Bobbie James

 半重瓣型

纯白色花朵大小适中，呈圆锥状大簇开放。花量多，盛开时洋溢着纯洁的美。树势旺盛，能长得很高大。虽然生长状况良好但需留意预防黑星病。

攀缘400厘米・花径5厘米

勒沃库森 *Leverkusen*

 重瓣型

淡黄色花色伴随开放逐渐褪色。枝条与蔓性蔷薇形似，呈扩张性、长势旺盛。叶片美观、生长状况良好但多刺，因此在牵引时需要一些耐性。

攀缘400厘米・花径9厘米

蔓性雷克托
Rambling Rector

 半重瓣型

小朵白花成大簇开放。花量惊人，散发出辛辣的香气。长势极为旺盛、多刺，也适合攀附在树上。秋季果实极美。

攀缘500厘米・花径3厘米

珍珠 *La Perle*

 莲座型

伴随开放花色由淡黄色逐渐变为珍珠白色，呈莲座型，花容细腻、极富魅力，令人联想到贝壳工艺品。枝条柔韧纤细、匍匐，因此可以利用各种牵引方式。

攀缘600厘米・花径7厘米

藤本月季

保罗的喜马拉雅麝香漫步者
Paul's Himalayan Musk Rambler

绒球型

绒球形的淡粉色小花朵开满整棵植株，凋谢时静静飘落的样子仿若樱花一般。花量多，极为茁壮、长势旺盛，因此最好种植在宽阔的场所。

攀缘600厘米·花径3厘米

圣灰星期三 *Ash Wednesday*

半重瓣型

花色为银灰色，十分罕见。数朵花成簇开放，花量极多、开放时间极为持久。新梢频发，枝条柔韧且攀缘性强，因此易于牵引。树势旺盛，但抗病性稍弱。

攀缘400厘米·花径7厘米

巴尔的摩美人 *Baltimore Belle*

莲座型

粉色的圆形花苞与优雅的白花形成优美的对比。纤细柔韧的枝条能生长至5米以上。这一品种需留意预防黑斑病，但是花姿极美，开放时花朵如同瀑布一般。

攀缘600厘米·花径6厘米

阿黛莱德·德鲁莱昂
Adélaide d'Orléans

半重瓣型

这一品种的白色花朵分外夺目。花量多，盛开时花朵如同白色海洋一般完美。分枝多，刺也多，因此在进行牵引时需要耐性。独特的灰绿色叶片也十分美观。

攀缘600厘米·花径7厘米

藤本和平
Peace (Cl.)

半剑瓣高芯型

乳黄色花瓣带有粉色镶边，花朵堪称巨大。基本上都是单花，栽培年头越长、反季开花的花数越多。半扩张性树型。新梢多、粗壮且坚硬，因此不能进行复杂的牵引。

攀缘400厘米·花径12厘米

天鹅湖
Swan Lake

剑瓣高芯型

花朵中心晕染着淡粉色，十分美丽。开放时间持久，具有反季开花性。多刺、枝条坚硬，因此牵引起来比较费劲。抗病性较强，但容易因为高温而落叶。

攀缘300厘米·花径9厘米

藤本月季

多特蒙德 Dortmund

单瓣平展型

　　红色花瓣带有绸缎般的光泽。花朵中心部由黄色渐变为白色，开放时间极为持久。剪掉花蒂后反季开花，不剪的话会结出大量果实。抗病性、耐寒性俱佳。

攀缘400厘米・花径10厘米

休伊博士 Dr. Huey

半重瓣型

　　黑红色花朵富有韵味。枝条即使不弯曲也能节节开花，覆满整棵植株。少刺，柔韧的枝条易于牵引。植株茁壮，但需留意预防黑星病。

攀缘400厘米・花径5厘米

共情 Sympathie

半剑瓣高芯型

　　花色为深红色，花量多，瓣质佳。日照过强时花瓣会被晒焦，但很少褪色。枝条少刺、易于牵引，抗病性强，易栽培。

攀缘500厘米・花径10厘米

火焰之舞
Danse de Feu

半重瓣型

　　洋红色的重瓣花朵大小适中，且花量多，花如其名，盛开时如同一团团跃动的火焰。许多枝条从植株根部发出，枝繁叶茂。易于牵引，耐寒性也不错。

攀缘400厘米・花径8厘米

绯红色阵雨 Crimson Shower

半重瓣型

　　绯红色小花朵花期虽迟，开放时间却很持久。枝条几乎匍匐在地面上，长得很长，可将其牵引至高处使其垂下，这样花朵欣赏起来十分美观。抗病性、耐暑性俱佳。

攀缘600厘米・花径3.5厘米

唐璜 Don Juan

半剑瓣高芯型

　　深红色花朵如同天鹅绒一般、十分美丽，成小簇开放。反季开花尤其多，少刺，因此易于打理。初期生长较为缓慢，但第二年过后就会攀缘得很高。

攀缘300厘米・花径9厘米

藤本墨红 Crimson Glory (Cl.)

半剑瓣高芯型

　　硕大的深红色花朵如同天鹅绒一般，有时成簇开放，拥有大马士革系的怡人香气。是反季开花比较频繁的品种，树型偏扩张性。对于白粉病抵抗力较弱，因此忌潮湿。

攀缘500厘米・花径10厘米

美丽的格施温德斯
Geschwind's Schönste

杯型

　　这一品种拥有"野蔷薇"的血统，其特征是绽放时美丽的杯状花型，以及在这个系统中罕见的深色调。成簇开放，枝条向斜上方生长，长达4米左右，枝头由于花的重量而垂下。

攀缘400厘米・花径4厘米

婚礼 *Wedding Day*

单瓣型

伴随开放花朵由乳黄色逐渐褪色变为白色。有香味，秋季结出大量球状果实。这一品种的特征是栽培后数年才开花。主干直立，分枝纤细、长势旺盛，钩刺多。

攀缘600厘米·花径3厘米

保罗红色攀缘月季 *Paul's Scarlet Climber*

绒球型

洋红色花朵成大簇开放，十分美观。花量多，有少量反季开花。这一品种自古以来就被人们种植在篱笆边，枝繁叶茂、枝条较为纤细，易于牵引。

攀缘350厘米·花径6厘米

菲莉丝·拜德 *Phyllis Bide*

重瓣型

花苞绽放后的花色千变万化，整株上的花朵全部盛开时色彩缤纷，美不胜收。纤细、柔韧的枝条易于牵引，花朵开放时间也很持久，直至秋季，也有反季开花。

攀缘350厘米·花径4厘米

藤本皮埃尔·S·杜邦夫人 *Mrs.Pierre S. Dupont (Cl.)*

半剑瓣高芯型

这一品种是同名杂交茶香月季的枝变异。花色为金黄色，伴随开放外瓣逐渐变白。数朵花成簇开放，花量惊人。易于牵引，在半背阴处也能生长得很好。

攀缘400厘米·花径8厘米

金色阵雨 *Golden Showers*

半重瓣平展型

黄色花朵开放不久便褪色，但也别有一番雅趣。攀缘性强，种在稍有些背阴处也不影响生长，反季开花频繁。很少发新梢，但从老枝上也能开出许多花。

攀缘400厘米·花径8厘米

约瑟的彩衣 *Joseph's Coat*

半重瓣型

花色由黄变橘，又由橘变朱红，色调变幻莫测，十分美丽。花朵成簇开放，反季开花也很频繁。植株呈半扩张性、耐暑性也强，适合面向南、西侧的花篱。

攀缘300厘米·花径7厘米

藤本金兔子 *Gold Bunny (Cl.)*

圆瓣杯型

这一品种是"金兔子"的藤本型。花色不会褪色，花朵硕大饱满、成簇开放。春季以后也偶有反季开花。对于黑星病抵抗力强，但需要定期喷洒农药。

攀缘400厘米·花径10厘米

珍宝
Treasure Trove

莲座型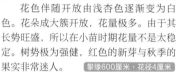

花色伴随开放由浅杏色逐渐变为白色。花朵成大簇开放，花量极多。由于其长势旺盛，所以在小苗时期花量不是太稳定。树势极为强健，红色的新芽与秋季的果实非常迷人。

攀缘600厘米·花径4厘米

吉莱纳·德·费利贡
Ghislaine de Féligonde

绒球型 反

浅杏色花朵伴随开放逐渐褪色成白色。花量极多，偶有反季开花，但如果不剪花蒂就会不开花、结出果实。树势极为旺盛，对于黑星病抵抗力强。

攀缘400厘米·花径4厘米

皇家薄暮 *Royal Sunset*

圆瓣环抱型 反

美丽的橘黄色花朵伴随开放逐渐褪色，香气极佳。虽有反季开花，但秋季以后比较少见。少刺、花茎长，新梢坚硬、长势旺盛。

攀缘500厘米·花径12厘米

甜梦
Sweet Dream

杯型 反

数朵浅杏色的花成簇开放，花量惊人，开放时间极为持久。直至初冬都会有反季开花。枝条纤细、柔韧，易于牵引。树势旺盛，但需留意预防黑星病。

攀缘250厘米·花径4厘米

紫罗兰 *Violette*

杯型 一

紫红色花朵成大簇开放，开花时整棵植株都被花朵覆盖。枝条纤细、少刺，因此较易牵引。树势旺盛，但需留意预防黑星病、白粉病与叶蜱。

攀缘500厘米·花径3.5厘米

校园女孩 *Schoolgirl*

杯型 反

优雅的浅杏色花朵散发出淡淡的茶香。花朵硕大、呈杯状，十分美丽，反季开花。主干较粗、直立，从上方的侧枝开花。虽说植株苗壮，但枝条容易白化。

攀缘350厘米·花径10厘米

藤本月季

玛丽·维奥玫瑰
RoseMarie Viaud

柔美的紫色花朵成大簇开放。盛开时整棵植株的花色可见渐变。长势旺盛、枝条少刺，易于牵引。能长得很高大，适合利用墙面进行牵引。

攀缘600厘米·花径3.5厘米

蓝洋红 *Blue Magenta*

绒球型

伴随开放花色由紫红色逐渐变为偏蓝的深紫色。花朵成大簇开放，花量多。新梢能长至4米高左右、较硬，但牵引起来不费力。需留意预防白粉病。

攀缘400厘米·花径3.5厘米

蓝色漫步者
Blue Rambler

单瓣型

紫花地丁色的花朵成簇开放，像瀑布般覆盖整棵植株。枝条柔韧、少刺，易于牵引。呈半扩张性，因此适合利用花篱和墙面进行牵引。

攀缘400厘米·花径3厘米

藤本纯银 *Sterling Silver (Cl.)*

杯型

花色独具个性，在薰衣草紫色中透出些灰色。散发出蓝色月季系的怡人香气。枝条稀疏但长势旺盛，有些甚至能长至5米高左右。

攀缘500厘米·花径9厘米

罗苏莉娜 *Russelliana*

莲座型

伴随开放花色由紫红色逐渐变为紫色。花瓣数极多，花量也很多。是较早的蔓性蔷薇之一，继承了野蔷薇的血统——花量多，香气甜美。是具有抗病性的茁壮品种。

攀缘400厘米·花径4厘米

藤本蓝月
Blue Moon (Cl.)

半剑瓣环抱型

呈薰衣草紫色的花朵堪称巨大，香气怡人。长成大苗后反季开花。枝条虽然少刺但粗硬，因此难以进行牵引。雨水多时易淋伤花朵。

攀缘500厘米·花径12厘米

藤本月季的特征与人工牵引

姬野由纪 *Yuki Himeno*

Climbing Roses

发挥藤本月季魅力的诀窍

① 易于牵引、柔韧、一季开花

　　最近市场上随处可见颜色绚丽、反季开花频繁的藤本月季。而另一方面，人们似乎对于只在春季开花的藤本月季很容易就敬而远之。然而，以蔓性蔷薇与古典玫瑰为代表的一季开花性藤本月季，具有枝条柔韧、易弯曲这样的优点。

　　月季的枝条每开一次花就会变硬一分。在生长过程中，反季开花次数越少的品种枝条越是不容易硬化，因此虽然各个品种枝条粗细不同，但从大体上来说一季开花的品种枝条易弯曲，有利于牵引作业。柔韧的枝条会使景致也增添几分灵动之感。可以说，像瀑布一样盛开时的变化万千以及柔美的感觉确实是一季开花性品种独有的特点。

什么是"藤本月季"呢？
可以这样说，
除四季开花、灌木性之外，
所有系统的月季都是藤蔓性品种。
藤本月季涵盖的范围，
就是如此之广。

挑选月季最不容忽视的一个关键点就是花量的多少。大部分藤本月季花量都比较多，其中的中、小型花朵又是多花性，尤为推荐。

如果花量多得惊人，那即使在牵引等方面自信不足，也应该能展现出足够的美丽。在开花时仔细观察，就能明白来年应该怎样进行牵引。即使是大花月季，也有像藤本墨红和龙沙宝石那样花量多的品种，因此在购买前可以先查阅一下商品宣传手册或是咨询一下园艺商店等。

此外，叶子是否茂密、是否美丽比想象的更为重要。尤其是一季开花的品种，比起花来欣赏叶子的时间更长。枝叶会占据庭院内的大部分空间，因此叶片是否美观也很有讲究。

比如说，藤本夏之雪与蓝色漫步者（蓝蔓月季）鲜绿色、带有光泽的叶子令人印象深刻。而阿贝卡·巴比埃与弗朗索瓦·朱朗维尔深绿色、带有光泽的叶片则具有抗病性，夏季时绿荫如盖，亦魅力十足。

宝藏这个品种红色的新芽十分美丽，不过普兰蒂尔夫人与拉马克将军等品种绿色的叶片也富有韵味、具有古典玫瑰系藤本月季独有的清新。希望大家一定要注意到每个品种各自的叶片之美。

③　品味、欣赏香气与果实

应该有很多人想要种植带有香气的藤本月季来享受花香吧！即使一朵花只散发出微香，但由于大部分藤本月季花量都很多，所以许多花集中在一起就变得香气馥郁了。就算是木香蔷薇与野蔷薇这样的小花朵，在盛开时满溢的甜美香气也会沁人心脾。

藤本月季中以香气怡人而闻名的品种有藤本墨红、西班牙美人与藤本希灵登夫人等。此外，还有具有大马士革系香调的古典玫瑰类以及英国月季等带有香气的品种。

如果觉得你所栽培的藤本月季香气不明显，也可以从四季开花性的月季中挑选香调优雅的强香品种与其搭配，或是加上英国月季作为点缀。只要肯花心思，就一定能欣赏到香气四溢的美妙景致。

另一方面，也有许多月季爱好者关注月季的果实（玫瑰果）之美。

以原种蔷薇等为代表的、瓣数少的蔷薇，由于其雄蕊残留多，所以极易结果。品种不同，果实的形状、大小、色调也不同，因此观察起来很有乐趣。冬天的庭院没有什么花朵，但玫瑰果带来了耀眼的喜悦，还可以用其制作花环等。

在浪漫玫瑰、海峡、佩内洛普、科妮莉亚等四季开花性蔷薇与反季开花性藤本月季等中，有些品种也能结出美丽的果实。这些品种只要在秋季开花后保留花蒂，就能欣赏到果实。

灵活利用支撑物牵引藤本月季

①　在墙面上盛开

墙面是最适合用于牵引藤本月季的场所。钉上小螺钉、挂上铁丝，只要有这样的能够让枝条攀附的基底，大部分品种的藤本月季都能攀缘上去。如果你是月季栽培新手，那除了前面所说的花量多与叶茂等条件要满足，还要尽量挑选少刺品种，这样之后打理起来会比较轻松。

月季要尽量紧贴着墙面种植，这样才能与墙面浑然一体且易于牵引。利用花门等支撑物进行牵引时也同样要注意这一点。

此外，月季的枝条原本是呈放射状生长的，因此我建议，比起一面墙壁、两面处于不同平面的墙壁更好。更甚者，可以紧挨着墙边搭起不在同一平面内的花门等，尽可能将枝条分流牵引至各个方向。这样一来，不仅开花时的景致更加灵动，牵引工作也会变得容易许多。

② 在花篱上盛开

较高的花篱也和墙面一样能用于多种品种。反而是一两米高的矮花篱适用的品种受限。

如果用矮花篱进行牵引，那新梢向水平方向而不是垂直方向生长的品种比较适用。归纳到系统的话，就是继承了光叶蔷薇（terihanoibara）血统的"蔓性光叶蔷薇"这一品种。如阿贝卡·巴比埃与弗朗索瓦·朱朗维尔、约克郡与保罗·阿尔夫，反季开花的品种有海泡石等。在古典玫瑰中，红衣主教黎塞留等枝条较细且容易垂下的品种比较适用。

在栽培藤本月季时，可能许多人都会经历开花后猛长新梢、打理起来无从下手的困境。如果你已经种植了这样的品种，可以追加花门等支撑物、将枝条向上方牵引，这样你的园艺技巧就又能上一个台阶。如果是枝条向水平方向生长的品种，那也适合高大的花篱与窗户四周。枝条越是柔韧，牵引时的自由度就越高，因此适用范围必然也会扩大。必须坚持的一点是，由于攀缘性强的品种很多，所以要事先确认其枝条能攀缘到多高的地方。

③ 在花门与花塔上盛开

想要发挥花门与花塔的美感，就要使其从上到下覆满花朵。这类支撑物比墙面与花篱要小，但正因为如此，在挑选品种时才有几项必须的条件。

首先得是花量多的品种。藤本月季一般具有枝条一弯曲就开花的习性，但选用即使不弯曲枝条也能植株上下开满花的品种更好。特别是利用花塔时，选择枝条纤细、易弯的品种极为关键。如果花茎过长，那花朵就会浮在用于牵引的花门或花塔上，无法打造出支撑物与植株浑然一体的美感。因此花茎短也是重要的条件之一。

虽说兼具上述条件的月季并不少，但在中、小型花朵的品种里有特别适用的。比如说，红衣主教黎塞留与昂古莱姆公爵夫人、红色大马士革玫瑰与拉布瑞特。反季开花品种有红色诺伊斯氏蔷薇与暮色、费利西亚等。

反之，在利用枝条纤细且只能长到 2 米长左右的四季开花、灌木性品种，如中国月季等时，也是讲求方法的。如果是灌木性品种，就不会从顶上方长出粗枝破坏植株形态。因此它能够长成理想的拱形，但同时也有适用品种有限以及四季开花性品种生长缓慢的难点。

虽说如此，栽培四季开花的灌木性蔷薇也还是应该作为选项之一挑战一下的，因为这样就能欣赏到一年到头不断开花的花门。花门一边是四季开花性品种，另一边用古典玫瑰等长势强劲的藤本月季来造型，效果也是十分惊艳的。

姬野由纪，自幼爱好植物与鸟类。曾做过 5 年职场白领，之后辞职进入村田玫瑰园，师事于已故的村田晴夫老师。2012 年接手八岳农场的业务，姬野玫瑰园开园。日复一日地研究品种保存及植栽应用。

小灌木型月季

Scrub Roses

小灌木型月季

半蔓性月季即小灌木型月季

　　树干与枝条直直向上生长的称为"灌木性"，枝条长得很长的称为"藤蔓性"。处于这二者之间的称为"半蔓性"，也就是小灌木型月季。说得更精确一些，则是指半蔓性月季中的现代小灌木型月季系。

　　其中，枝条极长的品种可以当作小型藤本月季来打理。若是盆栽或种植在狭小的场所，则可以在开花后进行强剪，当作灌木性品种打理，是易于栽培的月季品种。

　　小灌木型月季不用费心修剪也能自然生长，但不修剪会长得很高且只在顶端开花。

　　这一系统的月季花色、花型丰富多彩，还有强香品种。每个品种植株大小、枝条粗细、硬度等都各不相同，但基本上枝条纤细柔韧、无法自立的品种占大多数。

天方夜谭
Sheherazad

系统：小灌木型月季（S）
育出国：日本
株高：120 厘米
花径：6~8 厘米

　　花瓣顶端呈小尖状、独具个性，香气也很有特点，是大马士革玫瑰香与茶香中掺杂着水果香的气味。它是育种家木村卓功培育出的品种。

四季开花性小灌木型月季要在1、2月份进行修剪。要剪掉整株的1/3，或是短截20厘米左右，这样春季发出的新梢才能得以生长。

小灌木型月季

樱色花束 *Cerise Bouquet*

半重瓣型

花色为玫红色、雍容华美，花名含义为"樱粉色的花束"。作为原变种的杂交种是一个有趣的品种，花量多，独特的圆形叶片及枝条富有个性。 攀缘350厘米·花径7厘米

拉布瑞特 *Raubritter*

杯型

粉色杯型花朵十分惹人喜爱。虽然只是一季开花，但花朵开放时间持久。花量多，上一年的枝条每节都会开花。枝条呈扩张性，易于牵引且垂下。耐暑性稍差。 攀缘360厘米·花径5厘米

维森 *Weihenstephan*

杯型

花瓣表面为粉色、背面为深粉色，独特的杯状花型十分美丽。反季开花频繁，叶片具有光泽，可以欣赏好一阵子。枝条硬挺不易弯曲，适合利用墙面进行牵引。 攀缘350厘米·花径8.5厘米

弗里茨·诺比斯 *Fritz Nobis*

半重瓣型

淡粉色花朵微微透出薰衣草紫色、成簇开放，十分美观。春季开花。秋季结果。主干呈直立性，树势旺盛，可以广泛用于各种场所。 攀缘300厘米·花径8厘米

娜露米卡塔 *Narumikata*

单瓣型

深粉色单瓣小花中心呈白色，花量惊人。据说它是野蔷薇系的杂交种，枝条几乎无刺，呈弓状生长。秋季会结好些圆形果实。 攀缘350厘米·花径2.5厘米

雷切尔·斯·莱昂 *Rachel Bowes Lyon*

半重瓣型

橘色花朵晕染着杏色、开花后褪色，可欣赏到美丽的渐变。稍呈直立状自立，非常适合植物攀爬架等支撑物。有反季开花。需留意预防黑星病。 攀缘250厘米·花径7厘米

蔷薇物语 *Bara Monogatari*

重瓣型

小小的重瓣花朵微微晕染着粉色，盛开时覆盖整个枝条。是无刺、好打理的品种。据说它是野蔷薇的杂交种，发现于姬野玫瑰园八岳农场。 攀缘350厘米·花径2厘米

西方大地
Westerland

圆瓣平展型

花瓣呈大波浪状、花色为澄净的朱红色，十分美丽。数朵花成簇开放，一直反季开花至夏季。适合当作藤本月季来打理，但也可以在冬季进行强剪使其自立。抗病性较强。

攀缘350厘米·花径8厘米

猩红余烬 *Scharlachglut*

 单瓣型

花如其别名"猩红火焰（Scarlet Fire）"，深红色花朵开满枝条的样子正如同火焰一般。秋季结大果，直径约2厘米，洋溢着野趣的枝条也极富魅力。

攀缘300厘米·花径9厘米

完美艾尔西·克罗恩
Ilse Krohn Superior

莲座型 反

花色极美，越靠近中心乳白色越重。优雅的莲座型花型也极具魅力。耐寒性强，花期早。这一品种枝条坚硬，较适合老手种植，可以挑战墙面牵引等。

攀缘350厘米·花径7厘米

红衣主教休姆
Cardinal Hume

 杯型 反

花色为紫红色，富有韵味且美观，衬托着黄色雄蕊分外醒目。成簇开放、花量多，反季开花也很频繁。主干呈直立性自立，因此可以利用侧枝进行牵引。

攀缘250厘米·花径5厘米

春风 *Harukaze*

圆瓣环抱型

花瓣表面为玫红色、背面为黄色，花色绚丽。数朵花成簇开放，花量多、开放时间持久。枝条少刺、柔韧，易于牵引。树势旺盛，抗病性也很强。

攀缘400厘米·花径5厘米

内华达 *Nevada*

 半重瓣型 反

大花瓣像羽毛一般雅致。春季花量惊人，偶有反季开花。长势旺盛，一旦生根就以迅猛之势伸展枝条。对于黑星病抵抗力稍弱，需注意。

攀缘350厘米·花径8.5厘米

小灌木型月季

美人鱼 *Mermaid*

小灌木型月季

单瓣平
展型

　　数朵浅黄色的花成簇开放，极为美丽。枝条上有大大小小的尖刺，在打理时要小心。树势极旺盛，能长至 4 米高左右。是冲绳硕苞蔷薇的杂交种。

攀缘400厘米·花径9厘米

群星 *Gunsei*

绒球型

　　花苞呈红色，与洁白的花朵相互映衬，十分美观。成大簇开放，开放时间极为持久。长势旺盛，能长得很高大。枝条纤细、无刺，因此易于牵引。

攀缘350厘米·花径3厘米

淡雪 *Awayuki*

圆瓣单瓣
平展型

　　清秀的白色单瓣花十分美丽，与黄色雄蕊交相辉映。花量多，频繁地反季开花直至晚秋。树干到 50 厘米高处都是垂直直立的，再往上就开始向水平方向生长。刺多且尖锐。

攀缘200厘米·花径3.5厘米

保罗·阿尔夫 *Poul Alf*

半重
瓣型

　　在黄色系蔷薇中算是耐寒性强、极为茁壮的品种。花量多，盛开时花朵覆满植株。枝条向水平方向生长，非常适合低矮的花篱。具有反季开花性。

攀缘400厘米·花径7厘米

杰奎琳·杜普雷

Jacqueline du Pré

杯型

　　纯白色大花朵中间的红色雄蕊显得格外醒目。虽然开放时间不持久，但能频繁地次第开花直至秋季。由于花朵集中开放在上一年枝条的顶端，因此在修剪、牵引时要注意使枝条产生错位、落差。

攀缘250厘米·花径9厘米

金色翅膀

Golden Wings

单瓣型

　　澄净的淡黄色单瓣大花上晕染着硫黄色，非常独特。花量多，花期早，不断多次开花。在打理时发挥其小型小灌木型月季的树型优势就十分美观。需留意预防黑星病。

攀缘200厘米·花径9厘米

炼金术师 *Alchymist*

四分莲
座型

　　优雅的浅杏色花朵覆满枝条，花量多、开放时间持久。枝条具有攀缘性，虽有些硬但易于牵引。耐寒性较强、树势旺盛，但需留意预防黑星病。

攀缘350厘米·花径7厘米

Hybrid Tea

杂交茶香月季

杂交茶香月季

香水月季系与杂交长春月季系的混血儿

古典玫瑰中的香水月季系呈四季开花性且为灌木性，笔直地向上生长。花、叶大，苗壮，最关键的一点是香气极佳。此外，杂交长春月季系是经过漫长的岁月由各种古典玫瑰杂交培育出来的品种，花朵更为硕大并且四季不断多次开花。"长春（perpetual）"含义为"永久"，这一系统堪称古典玫瑰的终极品种。由上面两个系统培育出的杂交茶香月季，是梦幻般的现代月季诞生的标志。

1867年"法兰西"诞生。它是世界上第一株杂交茶香月季，具有纪念意义，在那以后又有许多富有个性的品种问世。在二战结束那一年，法国玫昂国际月季公司培育出了"和平"，这一品种包含了祈盼世界和平的心愿，随后杂交茶香月季迎来了它的黄金时代。花朵硕大、雍容华美、四季开花、易于栽培的杂交茶香月季成了一种文化在人类社会中传播。

蔷薇界的代表性品种，月季作为一

轮廓分明而高雅的姿态

1952年，日本高岛屋百货商场在设计包装纸时采用了玫瑰图案，以表达"不分季节，人人倾慕之美"的理念。现在这一设计图案已经是第三版了。

玛格丽特太子妃
Princesse Margaret

系统：杂交茶香月季（HT）
育出国：法国
株高：130 厘米
花径：10 厘米

冠以英国玛格丽特王妃之名，是半剑瓣高芯型的亮粉色花朵。植株偏直立性，能长得很高。

杂交茶香月季

罗马的荣耀 *Gloria di Roma*

半剑瓣杯型 四

　　亮玫红色花朵绚丽而华美，是诞生于意大利的名花。花量多、树势旺盛是其魅力所在，呈半直立性生长。耐寒性较强，即使在寒冷地区也能茁壮地生长。

株高130厘米·花径12厘米

糖果条纹 *Candy Stripe*

圆瓣酒盏型 四

　　这一品种是名花"粉和平"的枝变异，带有扎染状条纹、色彩绚丽。虽然斑纹分布没有规律，但花量多，并且具有水果系强香。新手也能养好。

株高120厘米·花径10厘米

十全十美
Kordes' Perfecta

剑瓣高芯型 四

　　花色为象牙色、带有粉色镶边，花型优美。花量多，有香气。直立性树型、树势旺盛，茎也非常硬挺。这一品种作为杂交亲本亦十分优异。

株高130厘米·花径10厘米

麦克法兰总编
Editor McFarland

剑瓣高芯型 四

　　绚丽的深粉色花朵外瓣硕大，英气十足的剑瓣是其特征。花量多，枝条呈半扩张性，能茁壮地生长。有香气，是夏尔·墨林培育出的美感卓越的名花。

株高120厘米·花径11厘米

爱尔兰的优雅
Irish Elegance

单瓣平展型 四

　　是罕见的单瓣型杂交茶香月季之一，独特的珊瑚色富有韵味。花量多，有些花朵也会成簇开放。树型呈半扩张性，能长得很大丛且茁壮。现在是极为稀少的品种。

株高130厘米·花径8厘米

信用 *Confidence*

半剑瓣高芯型 四

　　淡粉色的细腻色调与硕大的外瓣极富魅力，花型独特而优美。虽然堪称巨大，但花量也很多。抗病性稍差，但树型呈半扩张性，生长状况良好。

株高120厘米·花径12厘米

安妮·莱茨 *Anne Letts*

剑瓣高芯型 四

　　花瓣表面为粉色、背面为浅粉色。花型为剑瓣高芯型，紧致而美丽，作为切花很受欢迎，在月季大赛上也十分活跃。树型呈半扩张性，拥有美丽的深绿色叶片。

株高120厘米·花径11厘米

摩纳哥王妃格蕾丝 *Grace de Monaco*

半剑瓣环抱型 四

　　这一品种是为了纪念摩纳哥公国已故王妃格蕾丝而培育的。越往花瓣顶端粉色越深，饱满的花容富有魅力。香气高雅而迷人。枝条呈半扩张性，能长成大型灌木。

株高130厘米·花径12厘米

香山 *Fragrant Hill*

半剑瓣 高芯型 四

　　花色为澄净的粉色，花香怡人。既适合花坛栽培，也适合盆栽，作为切花也极富魅力。这一品种是日本首屈一指的育种家——寺西菊雄的作品。花量极多，树势旺盛。

株高120厘米·花径11厘米

舞姬 *Bayadère*

半剑瓣 高芯型 四

　　这一品种是典型的墨林月季，花色为中间色晕染着珊瑚色，花瓣密集，花容饱满，极富魅力。有茶香，树型呈半扩张状，能长得很大丛。

株高100厘米·花径12厘米

芝加哥和平 *Chicago Peace*

半剑瓣 高芯型 四

　　这一品种是"和平"的枝变异。中心呈浅黄色，越靠近花瓣顶端攻粉色越重，因色彩绚丽而广受欢迎。继承了亲本花量多的优点，旺盛的树势与光叶也富有魅力。

株高130厘米·花径12厘米

粉和平 *Pink Peace*

圆瓣酒 盏型 四

　　这一品种是弗朗西斯·玫昂晚年的杰作。圆瓣花朵落落大方，散发出水果香。虽然枝条纤细但树势旺盛，花量也很惊人。极适合栽培在花坛中。

株高130厘米·花径11厘米

蒂芙尼 *Tiffany*

半剑瓣 高芯型 四

　　花色绚丽、肉粉色花瓣根部晕染着黄色。通常为单瓣，枝条茂密、花量多，有甜香。植株长势旺盛，条件恶劣亦无惧，是易于栽培的品种。

株高120厘米·花径10厘米

夏洛特·阿姆斯特朗
Charlotte Armstrong

圆瓣酒 盏型 四

　　父本为"墨红"。花朵硕大，花色为玫红色、带有白线状镶边，花量多，半直立性树型。其旺盛的树势广受好评，且作为杂交亲本培育出了许多名花。

株高150厘米·花径12厘米

粉色光彩 *Pink Lustre*

半剑瓣 高芯型 四

　　花色为绚丽的粉色，饱满的花容极为美丽。枝条稀疏，花量也不是那么多，但花型与香气非常迷人。富有韵味的叶片将雍容华贵的花朵衬托得更为出色。

株高120厘米·花径10厘米

伊迪丝·海伦夫人
Dame Edith Helen

半剑瓣 高芯型 四

　　艳丽的粉色花朵散发出迷人的芳香。枝条稀疏、生长缓慢，但花容美丽无双。这一品种是二战前的名花。

株高130厘米·花径10厘米

一线光明 *Silver Lining*

剑瓣高 芯型 四

　　花色为粉色、花瓣顶端带有深粉色镶边，色调柔和。在寒冷地区种植时花色会变深。树型呈半扩张性且端正，植株苗壮、呈美观的丛状形。香气怡人，花型端庄。

株高100厘米·花径10厘米

杂交茶香月季

纪念 *Memoriam*

剑瓣高
芯型 四 ▇

　　花朵硕大、花色为澄净的粉色。是
花型格外端庄的名花。树势呈半扩张
性，树势不算太旺盛。稍有些矮小的植
株反而更显精致。深绿色叶片呈革质。

株高100厘米·花径10厘米

海伦·特劳贝尔 *Helen Traubel*

半剑瓣
高芯型 四 ▇

　　柔和的肉粉色有时会呈现出橘粉色。
花量多，能长得很高大，盛开时花朵覆满
植株上下，十分壮观。有茶香，花名得名
于美国女高音歌唱家。

株高200厘米·花径11厘米

初恋 *First Love*

剑瓣高
芯型 四 ▇

　　花瓣翻卷呈剑尖状，花型为剑瓣高
芯型，独一无二。花瓣边缘晕染着淡淡
的红色。粉色花色天真烂漫，正给人一
种初恋般的感觉。枝条纤细，花量极多。

株高100厘米·花径10厘米

米歇尔·玫昂 *Michéle Meilland*

半剑瓣
高芯型 四 ▇▇▇

　　这一品种是"和平"系列代表性名花之一。花色为雅致的
杏粉色，花量极多。纤细的枝条透出红色，株型极佳。抗病性
一般，需要定期喷洒农药。
株高120厘米·花径10厘米

青尼罗河 *Blue Nile*

半剑瓣
高芯型 四 ▇

　　花色为薰衣草紫色，部分花瓣顶端为深紫色，花朵硕大而美
丽。由于其花量少、枝条稀疏，因此要进行充分的肥培管理。只
要耐心等待，树型也会越长越端正。　　株高150厘米·花径12厘米

童话女王 *Märchen Königin*

剑瓣高
芯型 四 ▇▇▇

　　硕大的淡粉色花朵有着美丽的花
型。瓣质佳，很少被雨淋伤。树势旺
盛，呈半直立性树型。它是20世纪
80年代的代表性品种，堪称完美的
月季。
株高150厘米·花径11厘米

亨利·福特 *Henry Ford*

半剑瓣
高芯型 四 ▇

　　花朵硕大、花色偏烟粉色，开放
时垂头，风格独树一帜，无愧于汽车
大王的名号。株型端正，作为花坛种
植品种也很优秀。香气馥郁也是其魅
力之一。　　株高150厘米·花径9厘米

费尔南·阿尔勒 *Fernand Arles*

半剑瓣
高芯型 四 ▇

　　据说这一品种是法国著名育种家戈雅尔的
作品，其饱满的花型与柔和的肉粉色花色极富
魅力。不同季节色调变化也很大，树型呈半扩
张性、很大丛。有茶香。株高120厘米·花径12厘米

杂交茶香月季

戈雅尔玫瑰（奇异玫瑰）
Rose Gaujard

半剑瓣
高芯型 　四

乳白色花瓣带有玫红色镶边，瓣数多达 80 片。枝条硬挺、结实，光叶也十分美丽。淋雨后有时不能全开，不过这一品种算是戈雅尔培育出的名作之一。

株高120厘米·花径10厘米

德累斯顿 *Dresden*

半剑瓣
环抱型

这一品种以美丽的珍珠粉色花朵而闻名。花瓣数多，与深绿色叶片搭配在一起很迷人。丛状形十分美观、花量多，作为花坛种植品种性质优异。馥郁的香气也惹人喜爱。

株高120厘米·花径11厘米

格罗苏富尔的伊娃
Eva de Grossouvre

开杯型

是同属杂交茶香月季系的"维索尔伦"的叶片无斑点品种。柔和的粉色花色中透着些许肉色，简洁的花型也是其魅力之一。花量极多。

株高80厘米·花径9厘米

香久山 *Kaguyama*

剑瓣高
芯型　四

花容雅致，乳白色中晕染着淡粉色，十分美丽。树势不算太旺盛、生长缓慢，但花量极多。大马士革玫瑰香与水果香混合在一起的香气也极具魅力。

株高100厘米·花径12厘米

法兰西 *La France*

半剑瓣
高芯型　四

这一品种是著名的首席杂交茶香月季，日语名为"天地开"。花瓣表面为浅粉色、背面为深粉色，花瓣数极多。散发出以大马士革玫瑰香为基调的芳香。花量多、株型美观，是优异的花坛栽培品种。

株高120厘米·花径10厘米

冠群芳 *Comtesse Vandal*

半剑瓣
高芯型　四

花瓣表面为有光泽的肉粉色、背面颜色更深一些，外瓣与花朵都十分硕大、美观。虽然花期早，但瓣形佳，花量也多。有茶香，呈半直立性树型、枝繁叶茂。

株高100厘米·花径12厘米

拉荷亚 *La Jolla*

半剑瓣
高芯型　四

花色为乳黄色中晕染着粉色，色调随季节变化。在细高的植株上开满了花朵，用作家庭用切花亦很适合。还可以享受到茶香。

株高150厘米·花径9厘米

玛格丽特·麦格雷迪
Margaret McGredy

圆瓣酒 盖型 四

作为名花"和平"的亲本闻名于世，花朵硕大，花色为深玫粉色。花量多、树形端正，圆润的深绿色光叶与旺盛的树势也遗传给了"和平"。

株高120厘米·花径10厘米

淘金者
Forty-niner

圆瓣杯型 四

偏圆形的花瓣表面为玫红色，背面为乳黄色，色彩鲜明的大花十分美观。枝条纤细、植株不算茂盛，但独特的花容令人着迷。

株高130厘米·花径11厘米

南方艳阳 *Sunny South*

剑瓣重 瓣型 四

花色为深粉红色，外瓣颜色稍浅，色彩的晕染极为美丽。这一品种的花朵不算太大，许多花同时开放，可以欣赏到花海之美。细枝性、极茁壮，能生长得较高，因此要栽培在花坛后方。

株高80厘米·花径8厘米

爱德华·埃里奥夫人
Mme. Edouard Herriot

剑瓣酒 盖型 四

花色独特，在珊瑚色的花瓣根部晕染着黄色和橘黄色。花瓣数量少、迅速开放，但花型柔美。带有淡淡的茶香。有大刺或许也是它的魅力之一吧！

株高100厘米·花径9厘米

卡罗琳·特斯奥特夫人
Mme. Caroline Testout

剑瓣环 抱型 四

这个品种是较早的杂交茶香月季名花之一，是为了消除"法兰西"的不育性而被培育出来的。花色为淡粉色，开放时花瓣鼓鼓地环抱着中心。作为杂交亲本来说也是十分优秀的品种。日语名为"圣代"。

株高80厘米·花径8.5厘米

俏丽贝丝
Dainty Bess

单瓣平 展型 四

这一品种是单瓣型的名花，花色为澄净的粉色、与紫红色花蕊交相辉映。既有单花，也有数朵成簇开放的花，花朵次第开放。株型为半直立性、细高的丛状形，最好定期喷洒农药。

株高120厘米·花径10厘米

皮埃尔·欧拉夫人 *Mme.Pierre Euler*

半剑瓣 高芯型 四

花朵硕大，花色为深玫粉色，层层叠叠的花瓣看起来雍容华贵。花量多，散发出强烈的大马士革玫瑰香。据说它是早期的杂交茶香月季之一，其特征是枝条和树型都很纤细。

株高100厘米·花径10厘米

幸福 *Happiness*

半剑瓣 高芯型 四

旧名为"Rouge Meilland（红色玫昂）"。这一品种堪称玫昂红色月季研究的集大成者。其花瓣像天鹅绒一般，瓣质、花型俱佳，越靠近中心花色越深。树势亦很旺盛。

株高150厘米·花径11厘米

厄休拉夫人 *Lady Ursula*

 剑瓣环抱型 四

花色为柔美的粉色，花型为剑瓣环抱型，花瓣数多。呈半直立性树型。树势极为旺盛，能长得很高大。作为早期的杂交茶香月季之一，现在是非常珍稀的品种。

株高200厘米·花径10厘米

蝴蝶夫人 *Mme. Butterfly*

 半剑瓣高芯型 四

在名花"奥菲莉亚"的枝变异中，这一品种最为著名。花色为偏深一些的粉色，花瓣根部的黄色较少。怡人的芳香及树势都遗传自"奥菲莉亚"。植株茁壮，易于栽培。

株高130厘米·花径9厘米

基拉尼 *Killarney*

 半剑瓣高芯型 四

与给人以柔美印象的花朵相反，枝条具有典型的杂交茶香月季特征——非常硬挺。花色为亮粉色，花瓣根部晕染着白色。植株呈半直立性，花量多。

株高100厘米·花径9厘米

玛丽·菲茨威廉夫人 *Lady Mary Fitzwilliam*

 半剑瓣高芯型 四

这一品种是早期的杂交茶香月季之一，作为杂交亲本而闻名，培育出了许多名花。花色为艳丽的粉色、花瓣背面颜色更深一些，给人一种摩登的印象。花量多，植株低矮而茂盛，耐寒性也很强。

株高100厘米·花径10厘米

赫伯特·胡佛总统
President Herbert Hoover

 半剑瓣高芯型 四

花色复杂，杏黄色中晕染着粉色。花瓣厚实、花脉清晰可见，带有辛辣型强香。树型偏直立、高大且茂密，花量多、可用作切花等。

株高150厘米·花径10厘米

金枝玉叶 *Royal Highness*

 剑瓣高芯型 四

花色为雅致的淡粉色，花型亦美观，在杂交茶香月季系中也堪称极品。带有光泽的叶片与树型十分美丽。虽然需要留意预防病害，但却是令人难以忘怀的名花。

株高150厘米·花径11厘米

大溪地 *Tahiti*

 半剑瓣高芯型 四

花朵中心呈淡黄色，带有粉色镶边，花瓣顶端呈波浪状。香气极佳，与充满热情的花色极为搭调。继承了"和平"的优点，植株茁壮、长势旺盛。

株高120厘米·花径11厘米

维索尔伦 *Verschuren*

 圆瓣酒盏型 四

这一品种的最大特征就是叶片上带有乳白色斑纹。花色为淡粉色。花朵成簇开放、香气怡人，花量虽然多，但开放时间不是很持久。秋季发红芽，更添绚丽。

株高80厘米·花径9厘米

黄金权杖 Golden Scepter

剑瓣高芯型 四

　　鲜艳的黄色花色是这一品种的特征。半直立性树型。开花过程很快，树势旺盛。花量多，在二战后问世，因花容飒爽而风靡日本。别称"什佩克黄"。

株高120厘米·花径9.5厘米

天津乙女
Amatsu-Otome

剑瓣高芯型 四

　　花色为鹅黄色，花瓣顶端颜色变浅，花型端庄。花量多、开放时间持久，呈扩张性的丛状形十分美观。这一品种是寺西菊雄培育出的黄色名花，得到了世界性的好评。

株高120厘米·花径11厘米

金太阳 Goldene Sonne

剑瓣高芯型 四

　　这一品种是往年曾在大赛上大放异彩的黄色月季系名花。花型极为端庄、开放时间持久是其最大的魅力。虽然它的树势不算太旺盛，栽培时需要耐性，但现在也有许多爱好者。

株高90厘米·花径11厘米

威士忌麦克 Whisky Mac

圆瓣平展型   四

　　花如其名，澄净的橘黄色令人联想到威士忌，极具吸引力。花瓣呈优雅的波浪状，散发出甜美的茶香。树型呈半扩张性、枝条直直地生长，花量极多。

株高120厘米·花径10厘米

阿琳·弗朗西斯
Arlene Francis

半剑瓣高芯型 四

　　花色为雅致的黄色，与具有光泽的青铜色叶片十分搭调，是极美的品种。在日本曾有一段时期将它作为切花来种植。花名得名于美国女星。

株高120厘米·花径10厘米

萨特的金子 Sutter's Gold

剑瓣高芯型 四

　　橘黄色花朵给人以活泼的感觉，花瓣顶端晕染着红色。树型呈半扩张性，频发细枝但株型端正。有强香，这在黄色品种中很罕见。

株高120厘米·花径10厘米

迪克森祖父 Grandpa Dickson

剑瓣高芯型 四

　　花朵堪称巨大，花色为乳黄色，花瓣包裹得很松、花型饱满，十分美观。直立性树型，枝叶稀疏，但却被人们固执地偏爱着，昵称"爱尔兰黄金"。

株高80厘米·花径11厘米

安妮·勃朗特 Anny Brandt

半剑瓣杯型 四

　　淡黄色花色十分美丽，花瓣顶端晕染着些许粉色、呈波浪状，有茶香。花朵大小适中、花量多，树型呈半扩张性，枝条稍有些散开。

株高90厘米·花径9厘米

杂交茶香月季

皮埃尔·S·杜邦夫人 *Mrs. Pierre S. duPont*

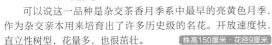

半剑瓣高芯型 四

可以说这一品种是杂交茶香月季系中最早的亮黄色月季，作为杂交亲本用来培育出了许多历史级的名花。开放速度快，直立性树型，花量多，也很茁壮。　株高150厘米·花径9厘米

茱莉亚 *Julia*

半剑瓣环抱型 四

花色如同牛奶咖啡一般，优雅的波浪状花瓣极富魅力。数朵花成簇开放、花量多，与青铜色叶片搭配在一起很美观。初期长势缓慢，最好定期喷洒农药。　株高150厘米·花径9厘米

室女座 *Virgo*

圆瓣高芯型 四

初绽放时为乳白色，伴随开放逐渐变为纯白色，端庄的花容被人们誉为最美的白色月季名花之一。这一品种是"冰山"的亲本，呈半扩张性。植株长势缓慢、低矮，但花量很多。　株高90厘米·花径11厘米

黄色麦格雷迪 *McGredy's Yellow*

剑瓣高芯型 四

花色为高雅的乳黄色，一部分花朵晕染着粉色，剑瓣高芯型的花型十分美观。它是麦格雷迪第三代传人的代表性月季品种之一，初期枝条稀疏且长势缓慢，但后期会越长越多。　株高130厘米·花径10厘米

纪念克劳狄斯·泊奈特 *Souvenir de Claudius Pernet*

半剑瓣高芯型 四

澄净的浅黄色花朵与醒目的光叶极富魅力。它是杂交茶香月季系最早的黄色品种，很有纪念意义。此后它作为杂交亲本培育出了无数梦幻般的四季开花性黄月季。　株高150厘米·花径8.5厘米

游园会 Garden Party

半剑瓣高芯型 四

花色为乳白色，花瓣顶端晕染着粉色，优雅的色调宛如游园会一般流光溢彩。花朵堪称巨大，花量多，有茶香。植株呈半扩张性、能长得很茁壮，但需留意预防白粉病。　株高120厘米·花径12厘米

纳西瑟斯 *Narzisse*

剑瓣高芯型 四

浅黄色调令人联想起象牙，花瓣层层叠叠、花容精致，极富魅力。开放时垂头，慵懒的姿态具有一种独特的美感，正如其名一般映射出了神话世界的感觉。　株高100厘米·花径11厘米

白色羽翼 *White Wings*

 单瓣型 四

纤细的单瓣白花成簇开放，紫褐色的花蕊也很美。半直立性树型，枝条硬挺、结实。植株较茁壮，但也需要定期喷洒农药。 株高100厘米·花径10厘米

奥古斯塔·维多利亚皇后
Kaiserin Auguste Viktoria

剑瓣高芯型 四

日语名为"敷岛"，广受喜爱，乳白色花色与层层叠叠的花瓣十分美丽。花茎被花坠得弯曲，株型高大，花量惊人。耐寒性也较强，树势旺盛。 株高200厘米·花径10厘米

玛西亚·斯坦霍普
Marcia Stanhope

 半剑瓣高芯型 四

具有透明感的白花格外耀眼，初绽放时的花型尤为美丽。株型矮小而端正，花量多，散发出辛辣的芳香。深绿色的叶子与花朵也非常协调。 株高100厘米·花径9厘米

白色墨林
Blanche Mallerin

半剑瓣高芯型 四

这一品种曾是白色月季名花，呈饱满的半剑瓣高芯型。同时也是"室女座"的亲本，二者的植株特征极为相似。但比"室女座"要高大一些，花朵大都成簇开放。 株高130厘米·花径10厘米

衣通姬 *Sodori-Hime*

剑瓣高芯型 四

花朵巨大，白色花瓣根部晕染着绿色。多为单花，花量一般。树型呈半扩张性，矮小而端正，树势不太旺盛，栽培难度大。 株高100厘米·花径12厘米

朱勒·布歇夫人
Mme. Jules Bouche

 半剑瓣高芯型 四

花苞为红色，伴随开放逐渐变为白色。花朵大小适中、成簇开放，花量惊人。具有早期现代月季独有的柔美之感，株型端正。 株高120厘米·花径9.5厘米

玛格丽特·安妮·巴克斯特
Margaret Anne Baxter

 圆瓣环抱型 四

花朵硕大，花色为白色，花瓣多，盛开时为莲座状。散发出以大马士革玫瑰香为基调的怡人香气。这一品种枝条稀疏、花量也不算太多，但是独具个性。 株高120厘米·花径10厘米

雪香
Neige Parfum

半剑瓣高芯型 四

花色为白色，中心略微透出一些乳白色，如同芍药一般的花型十分美丽。株型偏直立性、端正，花量多，如同其名"雪香"，散发出怡人的水果香。 株高100厘米·花径9厘米

杂交茶香月季

上伊娜·哈克尼斯 *Ena Harkness*

剑瓣高 四
芯型

　　红色系月季，花瓣如同天鹅绒一般，剑瓣高芯型、十分端正。春季开花时极美，树型呈半扩张性。这一品种是"墨红"的后代，曾在二战后的日本备受喜爱，令人怀念。 株高100厘米·花径10厘米

甜美的阿夫顿 *Sweet Afton*

圆瓣高 四
芯型

　　花朵硕大，花色为极浅的粉色、近乎白色，香气独特、类似于水仙。枝条稀疏但分枝多，植株能长得很高且茁壮。许多花朵一齐开放，宛如阿夫顿河的水流。 株高180厘米·花径10厘米

奶油色麦格雷迪 *McGredy's Ivory*

剑瓣高 四
芯型

　　花色雅致，略微透出些象牙色。美丽的剑瓣高芯型用做切花亦十分美丽。半直立性树型。虽然是花型端正的古典名花，但在现代也广受喜爱。 株高130厘米·花径10厘米

英格丽·褒曼
Ingrid Bergman

半剑瓣 四
高芯型

　　花容端正且瓣质佳，绯红色花朵熠熠生辉、十分美丽，无愧于女明星的名号。树型呈半扩张性、端正，虽然长势缓慢，但花量多。抗病性一般。 株高100厘米·花径10厘米

奥古斯丁·基努瓦索
Augustine Guinoisseau

剑瓣环 四
抱型

　　这一品种是"法兰西"的枝变异，花色为淡粉色。同样具有怡人的香气，花朵与绿叶相互映衬，给人一种明艳动人的印象。花量多、株型端正，很适合花坛栽培。 株高100厘米·花径9厘米

本拿比 *Burnaby*

剑瓣高 四
芯型

　　花朵硕大，花色为乳黄色，呈高芯状绽放的剑瓣花型十分美观。花量不算太多。半直立性树型。植株较为矮小，因此也很适合盆栽。 株高100厘米·花径12厘米

维苏威火山 *Vesuvius*

单瓣型 四

　　这一品种是早期的单瓣红色系月季，十分罕见，红色花瓣与黄色雄蕊的对比十分美丽。数朵花成簇开放，别有一番雅趣。枝条多刺、略显纤细，但长势旺盛。呈半直立性树型。 株高100厘米·花径8.5厘米

奥菲莉亚 *Ophelia*

半剑瓣 四
高芯型

　　花色为淡粉色晕染着杏色，半剑瓣高芯型花型十分端庄。散发出自成一系的奥菲莉亚香，香气甜美，花量多。这一品种树势旺盛，作为杂交亲本培育出了许多后代，是极为重要的名花。 株高130厘米·花径9厘米

查尔斯·兰普洛夫
Mrs.Charles Lamplough

剑瓣环 四
抱型

　　花色为象牙色，中心呈深黄色，花瓣数量多且花型为杯状，极富魅力。散发出甜美的茶香，花量多。树型呈半扩张性，是作为杂交亲本功绩显赫的名花。 株高100厘米·花径10厘米

约瑟芬·布鲁斯 Josephine Bruce

 半剑瓣 高芯型 四

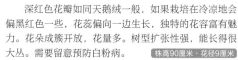

深红色花瓣如同天鹅绒一般，如果栽培在冷凉地会偏黑红色一些，花蕊偏向一边生长，独特的花容富有魅力。花朵成簇开放，花量多。树型扩张性强，能长得很大丛。需要留意预防白粉病。 株高90厘米·花径9厘米

卡门 Carmen

 半剑瓣 高芯型 四

这一品种的杂交亲本是"墨红"，妖艳的黑红色花朵无愧于名花的称号，散发出馥郁的香气。花量多，植株茁壮、易于栽培。呈半直立性树型。需要留意预防白粉病。 株高150厘米·花径12厘米

哈德利 Hadley

 剑瓣酒盏型 四

花朵大小适中，花型端正，花色为深玫红色。成簇开放、枝条纤细，令人联想起中国月季。发枝频繁、能长得很大丛且十分茂盛，因此很适合花坛栽培。散发出馥郁的水果香。 株高120厘米·花径8厘米

香云 Duftwolke

 半剑瓣 杯型 四

花朵硕大，花瓣层层叠叠，朱红色中略微透出些许红铜色，观赏性强且散发出堪称典型水果香的怡人香气。开放时间持久，呈半直立性树型，常被用作杂交亲本。 株高120厘米·花径10厘米

墨红 Crimson Glory

 半剑瓣 高芯型 四

据说这一品种是首株天鹅绒瓣质的深红色月季，是曾作为红色系品种杂交亲本而大显身手的名花。植株长势缓慢，但只要精心栽培就能长得十分美观，花量多、香气强。 株高80厘米·花径9厘米

夜曲 Nocturne

 圆瓣高芯型 四

花名得名于肖邦的《夜曲》。花色为深红色，略微发黑，花量惊人。花梗由于华丽花朵的重量而垂下。伴随开放花色逐渐变为紫红色，散发出迷人的大马士革玫瑰香。 株高120厘米·花径11厘米

夏尔·墨林 Charles Mallerin

 半剑瓣 高芯型 四

花朵堪称巨大，花色为黑红色，散发出迷人的大马士革玫瑰香，十分美观。枝条稀疏且长势缓慢，因此其缺点是难以修整株型，但花量惊人地多。 株高130厘米·花径12厘米

莫哈维 *Mojave*

剑瓣高芯型 四 ≣

　　热烈的朱红色象征着莫哈维沙漠的落日，内瓣逐渐变黄。株型细高、呈直立性树型，花量多，散发出茶香。叶片为深绿色的光叶。

株高150厘米·花径9厘米

君心 *Herz As*

剑瓣高芯型 四 ≣

　　花朵不算太大，但是剑瓣高芯型花型十分端庄。艳丽的花色几乎不褪色，也不易被雨淋伤。勤剪花蒂，下次就能早开花。花量多，少刺。

株高120厘米·花径10厘米

红茶 *Black Tea*

半剑瓣平展型 四 ≣

　　花色为深红褐色，温度愈高花色愈红。呈直立性树型。如果在花盆中栽培就很难长出粗枝，不过年头越长就越结实，植株会变得十分壮观。需要留意预防白粉病。

株高100厘米·花径10厘米

克莱斯勒帝国 *Chrysler Imperial*

半剑瓣高芯型 四 ≣

　　花色为黑红色，端庄的花型十分美丽。香气强、偏直立性树型，能长得很端正。这一品种作为杂交亲本培育出了众多名花，是红色月季历史上至关重要的品种。

株高100厘米·花径10厘米

林肯先生 *Mr. Lincoln*

圆瓣高芯型 四 ≣

　　深黑红色花朵饱满而威风凛凛，体现出了总统的威严之感，香气馥郁。这一品种苗壮且呈直立性，绿绿色叶片极为茂密，能长成高达150厘米以上的植株。株高150厘米·花径11厘米

墨绒 *Mirandy*

半剑瓣高芯型 四 ≣

　　黑红色中透着些许紫色，独具个性，饱满的花朵散发出浓厚的水果香。需要特别留意预防白粉病，但花量多、树势旺盛，极为适合花坛栽培。

株高120厘米·花径11厘米

穆拉德禧 *Mullard Jubilee*

半剑瓣高芯型 四 ≣

　　花朵硕大，花色为亮玫红色，花型优美、极为艳丽。瓣质佳、花量多，有香气。尤为苗壮。别称"电子（Electron）"。

株高120厘米·花径11厘米

铂金 *Precious Platinum*

半剑瓣高芯型 四 ≣

　　这一品种是"英格丽·褒曼"的亲本。绚丽夺目的花朵几乎不褪色，开放时间也很持久。在温床内可以开出完美的剑瓣花朵。植株极为苗壮、树势旺盛，花量也很多。

株高130厘米·花径10厘米

篝火 *Kagaribi*

剑瓣高芯型 四

这一品种是名花"皮卡迪利"的枝变异，花色为橘色晕染着朱红色，带有黄色的扎染状条纹，花瓣根部及背面为黄色。虽然其显色状态不是十分规律，但花量多且艳丽，令人过目不忘。

株高120厘米·花径10厘米

秋天 *Autumn*

 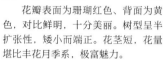
圆瓣重瓣型 四

花瓣表面为珊瑚红色、背面为黄色，对比鲜明，十分美丽。树型呈半扩张性，矮小而端正。花茎短，花量堪比丰花月季系，极富魅力。

株高80厘米·花径9厘米

夜晚 *Night Time*

半剑瓣高芯型 四

花色为深红色略微透着些许黑色，瓣质佳，花朵端庄，质感如同天鹅绒一般，散发出强烈的大马士革玫瑰香。花量多，较为苗壮且抗病性强，易于栽培。

株高120厘米·花径10厘米

格拉纳达 *Granada*

半剑瓣高芯型 四

乳黄色花瓣边缘带有玫红色镶边，复杂的色彩是其魅力之一。散发出怡人的水果香，花期早且花量多，能长成苗壮的半扩张性植株。

株高120厘米·花径8厘米

萨斯塔戈伯爵夫人
Condese de Sastago

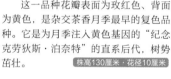
半剑瓣酒盏型 四

这一品种花瓣表面为玫红色、背面为黄色，是杂交茶香月季最早的复色品种。它是为月季注入黄色基因的"纪念克劳狄斯·泊奈特"的直系后代，树势苗壮。

株高130厘米·花径10厘米

俄克拉何马 *Oklahoma*

半剑瓣高芯型 四

这一品种是黑色较深的月季之一。虽然也有部分花朵呈紫红色，但其威风凛凛的花容与遗传自杂交亲本的怡人香气极富魅力。花量多且苗壮，是易于栽培的品种。呈半直立性树型。

株高120厘米·花径12厘米

山姆·麦格雷迪夫人
Mrs.Sam McGredy

半剑瓣高芯型 四

花色独特，在红色中晕染着红茶色与橘色，具有早期杂交茶香月季的特征——枝条下垂，富有魅力。虽然称不上苗壮，但其微微透红的枝条与红铜色叶片独具个性。

株高80厘米·花径9厘米

迪厄多内夫人
Mme. Dieudonne

半剑瓣高芯型 四

花瓣表面为绯红色、背面为黄色，色彩绚丽、十分美观。旋涡状花型亦十分雅致，洋溢着法兰西风情。树势呈半扩张性且旺盛，花量也很多。

株高100厘米·花径10厘米

伏旧园城堡 *Chateau de Clos Vougeot*

半剑瓣酒盏型 四

据说这一品种是最早的黑红色杂交茶香月季，培育出了众多后代。花量多，树势旺盛，散发出馥郁的大马士革玫瑰香。秋季时的花色极美，是即使在现代也具有观赏价值的名花。

株高120厘米·花径11厘米

龙泉
Mme.Cochet-Cochet

半剑瓣
酒盏型 四

花容独特，中心呈旋涡状、稍有些歪斜，柔和的花色很受人欢迎。半扩张性树型、树势旺盛，栽培需要很大空间。枝条发红，这是香水月季的遗传特征，有茶香。

株高120厘米·花径11厘米

杰·乔伊 *Just Joey*

半剑瓣
高芯型 四

花朵巨大，花色雅致，在杏色中晕染着茶色，花瓣呈波浪状，富有魅力。香气佳，深绿色的革质叶片亦十分美观。半扩张性树型，枝条纤细，因此有时会因为花朵重量而垂下。

株高120厘米·花径12厘米

夏尔·索维奇夫人
Mme. Charles Sauvage

半剑瓣
酒盏型 四

花朵中心呈亮橘色，花瓣越靠近顶端颜色越淡，十分美丽。数朵花成簇开放，能长成半扩张性且端正的植株，因此也很适合盆栽。需要留意预防白粉病。

株高100厘米·花径10厘米

辛西娅·布鲁克 *Cynthia Brooke*

圆瓣环
抱型 四

花色独特，在橘色中晕染着些许红褐色，伴随开放逐渐变浅，深绿色叶片将花色映衬得更为醒目。呈半扩张性，株型矮小，在黄色系月季中算是耐寒性强的品种。

株高100厘米·花径10厘米

安德烈的交易
Andre le Troquer

杯型 四

这一品种的特征是橘色晕染着杏色的花色，以及杂交茶香月季系中罕见的杯型。它在问世那一年夺得金奖，是具有典型的夏尔·墨林风格的品种。茶香怡人。

株高80厘米·花径10厘米

奥克利·费舍尔夫人
Mrs. Oakley Fisher

单瓣型 四

花色为浅杏色，微透些许琥珀色，单瓣花朵成单花开放，花量极多。树型呈半扩张性，纤细的枝条发红，极为高雅。作为最早的单瓣型现代月季来说很珍贵。

株高100厘米·花径8厘米

天鹅黄 *Diamond Jubilee*

半剑瓣
高芯型 四

花色为极浅的杏色，花朵巨大，花量多，既有单花，也有数朵成簇开放的花。有香气，树势极为繁茂，耐寒性也较强。红色的新芽是其特征之一。

株高120厘米·花径12厘米

金币 *Grisbi*

半剑瓣
高芯型 四

花色独特，在黄色中晕染着些许红褐色。花瓣顶端颜色稍浅，给人一种高雅的印象。花朵大小适中、成簇开放，花量也很多。树型端正、呈半直立性，能长得很茁壮。

株高130厘米·花径9厘米

丁香时代 *Lilac Time*

 半剑瓣 高芯型　四

这一品种是较早的紫色系月季之一。色调柔和，略微透出些许米色。树型呈扩张性，在紫色系中十分罕见，树势旺盛，一旦长成就能开出大量花朵、美不胜收。水果香馥郁。

株高100厘米·花径10厘米

纯银 *Sterling Silver*

 圆瓣平 展型　四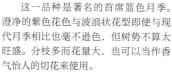

这一品种是著名的首席蓝色月季。澄净的紫色花色与波浪状花型即使与现代月季相比也毫不逊色，但树势不算太旺盛。分枝多而花量大，也可以当作香气怡人的切花来使用。

株高120厘米·花径9厘米

紫罗兰夫人 *Mme. Violet*

 剑瓣高 芯型　四

高雅的淡紫色花色与端庄的剑瓣高芯型花型是其魅力所在。花量多，既有单花，也有数朵成簇开放的花。虽然花朵开放时间持久，但有时花瓣会被雨淋伤。作为切花也值得推荐。

株高150厘米·花径9厘米

X夫人 *Lady X*

 半剑瓣 高芯型

花色为浅薰衣草色，花瓣顶端的颜色会随温度变深。剑瓣分明、不易变形，花朵硕大而端庄。花苞也大而饱满，十分美观。植株苗壮，能长得很大丛。

株高180厘米·花径11厘米

新浪潮 *New Wave*

  圆瓣平 展型　四

花色为浅紫色，花型呈明显的波浪状，十分美观。花朵成簇开放，虽然花量多，但开放时间并不持久。枝条稀疏且长势缓慢，但攀缘性较强。

株高150厘米·花径10厘米

灰珍珠 *Grey Pearl*

  四分莲 座型　四

花如其名，发灰的淡紫色花色在问世时成为人们热烈谈论的话题。别称"灰鼠"。枝条纤细，但花量多，为之后紫色品种的培育做出了极大贡献。

株高100厘米·花径8厘米

幸运女神 *Lady Luck*

 半剑瓣 高芯型

这一品种以香气强烈而闻名，花型亦极为端庄美丽。粉色花瓣的顶端颜色逐渐变深。枝条稀疏，但在纤细而密生的分枝上也会开花。几乎无刺。

株高120厘米·花径11厘米

蓝丝带 *Blue Ribbon*

  圆瓣酒 盏型　四

花色为淡紫色，花瓣顶端呈波浪状，香气怡人，花朵成簇开放。只有气温低时才会显色，不过植株整体洋溢着柔美的风情，栽培在花坛里也极佳。

株高150厘米·花径9厘米

夏尔·戴高乐
Charles de Gaulle

 半剑瓣 高芯型　四

花色为深薰衣草紫色，花容端庄，香气馥郁，极富魅力。花量多。树型呈半扩张性，虽然株型矮小且长势缓慢，但也能长成1米高左右的茁壮植株。

株高80厘米·花径10厘米

140

杂交茶香月季

藤本赫伯特·史蒂芬夫人
Mrs. Herbert Stevens (Cl.)

半剑瓣重瓣型

纯白色花朵显露出高贵的气质，既有单花，也有数朵成簇开放的花。花期早，花量多。基本上是一季开花，但秋季有时也会反季开花。需要留意预防白粉病。

攀缘400厘米·花径8.5厘米

朱勒·格拉沃罗夫人 *Mme. Jules Gravereaux*

莲座杯型　多

花色极美，在米黄色中晕染着些许粉色，花瓣层层叠叠，花朵硕大而华丽，富有魅力。从夏季开始不断反复开花至秋季，正因为如此枝条十分坚硬，牵引需要耐性。

攀缘300厘米·花径9厘米

第戎的荣耀 *Gloire de Dijon*

半剑瓣环抱型　反

米色花色给人以成熟的感觉，随气温升高变粉。反季开花频繁，枝条也很柔韧。栽培在寒冷地区时树势不会太旺盛。花极美但要留意预防各种病害。别称"千里香"。

攀缘400厘米·花径8厘米

马雷夏尔·尼尔 *Marechal Niel*

半剑瓣酒盏型　反

花朵大小适中，花色为淡黄色晕染着红褐色，花茎纤细、垂头开放。别称"大山吹"，外瓣的剑瓣看起来很别致，有怡人的茶香。鲜绿色的枝叶亦十分美观。

攀缘400厘米·花径7.5厘米

藤本希灵顿夫人
Lady Hillingdon (Cl.)

半剑瓣酒盏型　反

枇杷黄色的花朵春季花色浅、秋季花色深。许多香气怡人的花垂头开放且反季开花频繁，红色的枝条与新芽也十分美观。避免强剪。留意预防白粉病。

攀缘400厘米·花径8厘米

纪念莱奥妮·威尔诺夫人
Souvenir de Madame Léonie Viennot

杯型

花朵中心为乳黄色、带有粉色镶边。魅惑的色彩与杯状花型极富魅力。花期早，有茶香，可以利用其枝条的线条将其种植在窗边或花廊边。

攀缘400厘米·花径8厘米

索伯依 *Sombreuil*

莲座型　多

花朵硕大、呈莲座状，花色为白色、中心部分呈黄色。数朵大花在枝条顶端成簇开放，十分美观。开放时间持久，多次开花。植株苗壮、长势旺盛。

攀缘400厘米·花径8.5厘米

幸运双黄 *Fortune's Double Yellow*

半重瓣型

亮黄色的半重瓣花朵晕染着红褐色，花瓣顶端呈粉色。由于其分枝多、有刺，所以在牵引时需要耐性。修剪时避免过度短截，适当疏枝即可。

攀缘500厘米·花径5厘米

藤本杂交茶香月季

藤本杂交茶香月季

141

藤本月季的特征

真木文绘 *Fumie Maki*

　　我曾经游历于园艺大国英国，拜访、观赏了许多庭院。

　　在一座观光巴士络绎不绝的著名庭院内，有许多被称作园艺师的人在麻利地工作。我一直目不转睛地盯着他们的动作，想学到哪怕一点点皮毛也好，就在这时我突然对他们手中所拿的工具产生了兴趣。在掘起一大丛香草时，他们使用的不是铁锹而是大铁叉。将铁叉噌地一下插入植株根部的土壤中，就将它轻轻松松地掘了出来。在松土时、混合堆肥时使用的也是铁叉。

　　他们所使用的铁锹不知为何形状也很奇怪。我们平时看惯了剑尖状的铁锹，而他们的铁锹顶端是平的、四四方方的。实际上这一工具的正确名称是铁锨而不是铁锹。由于其铲尖部分没有什么弧度，所以能直直地插入地面挖掘。铲尖与地面的接触面积大，因此能铲起大量的土，用来进行翻土作业是最理想的工具。虽然铁叉、铁锨都是很重的工具，但也正因为如此，它们的顶端才能轻松地没入土中，顺畅地挖掘。

　　而当我在月季爱好者的私人庭院内看到花洒时也大吃一惊。它长长的壶颈十分优美，整体具有绝妙的平衡感。庭院的主人这样解释道："这是浇月季花用的花洒。离远一点儿也能浇水，

真木文绘，绘本作家、园艺、蔬菜撰稿人。现在正以"在身边的庭院、菜园中邂逅小确幸"为主题发表文章。著作众多，除书籍外还有绘本《壶与蚯蚓》（福音馆书店）、《更美味的蔬菜、更想了解的蔬菜》（幻冬舍教育）等。

还不用担心会被刺扎到。"之后我查阅了一下资料，发现这种花洒是19世纪后期就开始被人们使用的复古型花洒。当时贵族们曾在温室中栽培珍贵的植物，据说他们所使用的花洒全部都是这个形状的。私人庭院中的花洒被涂上漂亮的油漆，与月季盛开的景致是那么协调，将庭院衬托得更加优雅。

我在英国庭院中邂逅的工具全部是平常人们所惯用的，一眼便可看出它们都是主人的宝贝，都被精心保养着。铁锹与铁叉的木质把手打磨得闪闪发亮，铁制铲面也光可鉴人。花洒顶端的喷头被清理得干干净净，无论何时都能喷出像蚕丝一般柔和的水流。英国人的性格是无论在何种情况下都选择优质素材，并且慢慢用心完成造园，这一点无论是在植栽上，还是在园艺工具上都体现得淋漓尽致。虽然要花费工夫才能打造出庭院的韵味与风情，但正因为这个过程也是一种享受，所以它才成为了园艺家独享的"特权"，我觉得我从英国人身上学习到了这个道理。

河合伸志的育种故事

在艺术性与科学性间取得平衡

以选美为目的而培育的经过千锤百炼的月季

"百合与绣球等花的园艺品种全都保留着野生种的明显基因特征，而月季则不同，几乎没有什么植物像月季一样，园艺品种与野生种的差异如此悬殊"，河合伸志这样说道。月季的园艺品种被赋予了野生种所不具备的特性——蓝色系花色、四季开花性、花朵硕大，作为百花女王历尽锤炼。现在我们身边的大多数月季"都是七八个品种杂交后的后代"。

比如说，如果是切花用品种，在培育时就有以下要求：花朵的吸水性与持久性自然不必说，除此以外还要满足少刺、花瓣结实以便在运输过程中不受损等条件。如果是园艺用品种，用途不同在培育时所追求的目标也不同，如追求多花性等。除了上面所说的这些，在花色与花型方面自然更要争奇斗艳一番。

河合先生对于日本的传统色彩以及审美观十分重视，培育出了"禅月季"系列。它们令人有说不清的怀念之感，同时又很洋气，与日式庭院分外协调、具有独特的氛围，在日本园艺爱好者中很有人气。

"虽然这些月季在日本受欢迎，但如果它们不是全世界公认的优良品种，那就还是井底之蛙。日本的育种追求精致的美感，在这方面段位很高，但是抗病性及树势方面却容易被忽视。日本是全世界月季品种十分齐全的国家，因此我担心，园艺爱好者在实际生活中将月季种植在庭院里时，一旦因为上述缺点而对日本培育的品种感到失望，国产月季的市场就会缩小。"

杂交母本花朵的雄蕊要全部去除。河合先生使用的是剪子而不是镊子，一口气剪掉雄蕊！然后使留下的雌蕊粘上父本花朵的花粉。

在发挥植物特性的科学性与追求美感的艺术性之间诞生的月季新品种

近年来，河合先生也在"横滨英式庭院"等处进行造园，包括自己所培育出的品种在内，他对所有品种的耐暑性与抗病性等都十分严格，有时甚至会淘汰掉不好养的品种。

"通常，在降雨少的法国培育出的品种会被雨淋伤，而在凉爽的英国培育出的品种虽然很怕热，但它抗病性的平均值很高。人们对于花朵的审美评判各不相同，不可能有令每个人都喜爱的品种，不过我还是想尽心培育，起码别让人觉得月季很娇气。"

春天杂交过的月季在秋天会结果，从中取得种子播下、培育发芽的幼苗直至开花，少说也需要 1 年。接下来还要将缓苗后的苗木进行嫁接，然后再确认为数众多的样本，这些作业都需要耐性。其中，"既有和预想完全一致的结果，也有完全没预料到的结果，这就是育种的乐趣（笑）"。

"对于育种家来说，最重要的资质就是有眼光，再加上要能洞察'看不见的颜色'，比如说在花色中是否含有黄色基因，以及要熟知关于遗传等领域的植物学原理，这两件事也很重要。科学性可以引导植物特性，艺术可以孕育出花朵的美感，而育种是介于这二者之间的工作。我总是在脑海中描绘着尚未存在于这个世界上的花朵，比如说比'诺瓦利斯'更优秀的抗病性强的蓝色月季，等等。"

河合先生的育种故事还远未结束。

月季的亲子

埃文 Min —— 迦罗奢 ClMin

超级多萝西 R —— 丹热玫瑰 S

比杂交这件事本身更重要的，是在杂交之后要观察、记录培育状况。在检测抗病性的大赛中，从报名到出结果要花费 3 年时间。

河合伸志，在千叶大学研究生院园艺学研究科修完了全部课程。后来在种苗公司从事矮牵牛及月季等花的育种。在"岐阜国际月季大赛"等赛事中屡次获奖。他独立创业后一边作为月季育种家积极工作，一边在各地的月季园中亲自进行植栽设计与管理等。

Utsusemi

在培育具有日本特色的品种这一基础上，以培育出除了前述要素外兼具园艺实用性的品种为目标，进行育种。

暮色天鹅绒 *Velvety Twilight*

波状瓣莲座型   四

花色为带有光泽的紫红色，散发出强烈的大马士革玫瑰香与茶香。花期早且开放时间持久，花瓣不易损伤。植株呈半直立性、矮小。最好施足肥料。由吉谷桂子（园艺学者）命名。

株高100厘米·花径8厘米

沙罗曼蛇 *Salamander*

单瓣型 四

花色绚丽、不易褪色。数朵花成大簇开放。四季开花性较强，花量多且开放时间持久。树势旺盛、抗病性强，枝条纤细、适用于各种牵引方式。花名得名于火精灵的名字。

攀缘250厘米·花径6厘米

若紫 *Wakamurasaki*

波状瓣平展型 四

深薰衣草紫色的花瓣呈波浪状，花朵成大簇开放。花期早，花量多，散发出强烈的水果香。植株呈半直立性，盆栽也能长得很端正。品种名得名于在《源氏物语》中出现的人名。

株高120厘米·花径8厘米

真夜 *Mayo*

环抱型   四

发黑的紫红色颇有韵味。散发出馥郁的大马士革玫瑰香。花量多且开放时间持久，花期早。枝条少刺，形成优雅的弧度。植株较大丛，稍作牵引便很有魅力。花名为原创，灵感来自于花色。

株高120厘米·花径7厘米

咖啡伦巴 *Coffee Rumba*

莲座型   四

这一品种是"咖啡"的枝变异。粉棕色花色富有韵味，散发出怡人的茶香。数朵花成簇开放，花量多。树型呈扩张性，栽培时最好施足肥料。

株高80厘米·花径8厘米

空蝉 *Utsusemi*

莲座型 四

茶色花朵散发出馥郁的香气，在茶香中略带一些辛辣。花量较多，花期早。枝条纤细柔韧，株型矮小，呈半直立性。栽培时最好施足肥料。花名得名于《源氏物语》中出现的人名。

株高70厘米·花径7厘米

精灵之翼 *Fairy Wings*

单瓣型   四

小白花成大簇开放，盛开时覆满整棵植株。不断次第开花。枝条纤细，树型呈直立性，株型矮小。树势极为旺盛。品种名的灵感来源于其小巧的白色花瓣。

株高50厘米·花径3厘米

玉蔓 *Tamakazura*

杯型 反

这一品种是"珠玉"的枝变异。杯型小粉花成大簇开放。花量多且开放时间持久。枝条纤细柔韧，易于牵引。树势旺盛，对于黑星病的抗病性极强。花名取自于在《源氏物语》中出现的人名。

攀缘300厘米·花径3.5厘米

Floribunda
Roses

丰花月季

丰花月季

新手也能养好的如同花束般的月季

这一系统属于现代月季的一个分支，是由四季开花的杂交茶香月季与多花蔷薇（花朵娇小、成簇开放的品种）等杂交而培育出的品种。

这一系统大部分品种的花朵都是在枝条顶端成簇开放的，因此被命名为"Floribunda（花束之意）"。

据说最早的丰花月季品种是 1924 年由丹麦的鲍尔森培育出的"埃尔泽·鲍尔森"。其后，科德斯（德国）培育出了"匹诺曹"，它的花量之多前所未有，株型也很优美，人们将它视为确立了丰花月季典型特征的品种，即四季开花性，花朵大小适中。虽然丰花月季中的许多品种茁壮、易栽培，但强香品种似乎比较少。

丰花月季花期长，有许多茁壮的品种，在温暖地区从 5 月开始开花，一直开放至霜降时节。即使在阳台等处盆栽也能养活，开花时分外华丽。这一品种被称为爆花月季，在切花中也有许多。

浪漫宝贝
Baby Romantica

系统：丰花月季（F）
育出国：法国
株高：100 厘米
花径：5 厘米

亮橘色的杯型花朵中心呈莲座型。株型饱满，因此也很适合盆栽。

勤摘花蒂

花量越多，越要勤摘花蒂。如果使褪色的花朵残留下来，不仅有碍观瞻，还会结出果实或是耽误下次开花。此外，为了确保其枝条茂密，冬季修剪时轻剪即可。

丁香魔力 *Lilac Charm*

单瓣型　四

丁香色花瓣与黄色雄蕊的对比十分美丽。花朵次第成簇开放，花量多。呈半扩张性树型，枝条由许多小枝密集在一起组成。需要留意预防白粉病。

株高90厘米·花径8厘米

嬉戏 *Frolic*

圆瓣平展型　四

深粉色半重瓣平展型花朵成大簇开放，覆满整棵植株。秋季花色会变深，更加美丽。半扩张性树型，株型佳且茂盛，十分美观。散发出若有若无的香气。

株高80厘米·花径7厘米

英国淑女 *English Miss*

圆瓣平展型　四

花色为淡粉色，花型为杯状，十分美丽。数朵花成簇开放，有微香。半扩张性树型，株型能长得很端正。美丽的叶片非常茂密，很适合盆栽。

株高80厘米·花径5厘米

贝蒂·普赖尔 *Betty Prior*

单瓣型　四

深粉色的单瓣花朵成大簇开放，花量极多。伴随开放花色逐渐变浅。呈半直立性树型，会长得很大丛，所以最好种植在花坛后方，也很适合盆栽。

株高130厘米·花径7厘米

偷情 *Escapade*

半重瓣型　四

薰衣草粉色的半重瓣花朵成大簇开放，花量惊人。虽然开放时间不算持久，但四季开花性强，呈半直立性树型且树势旺盛，因此易于栽培。耐寒性强。

株高120厘米·花径7厘米

埃尔夫 *Elfe*

半重瓣平展型　四

白色大花的花瓣顶端晕着粉色，秋季开花时尤为美丽。植株较高，枝条坚韧。正因为如此这一品种自古以来便受到人们的青睐，茁壮、易栽培。耐寒性也很强。

株高120厘米·花径5厘米

洋红 *Magenta*

莲座型　四

深紫红色的花朵伴随开放逐渐染上灰色。有强香。呈半扩张性树型，能长成小灌木状。在盆栽时可适度短截以调整平衡感。

株高120厘米·花径6.5厘米

草莓雪糕 *Strawberry Ice*

圆瓣杯型　四

白色花瓣边缘带有清晰的粉色镶边，十分美丽。花朵成簇开放，花量多，开放时间持久。有时新梢会长得很长，也可以当作藤本月季进行牵引。

株高80~250厘米·花径7.5厘米

丰花月季

奥德港 *Ord Port*

 圆瓣环抱型 四

花色为深紫红色、稍有些暗沉，花瓣层层叠叠、花型古典。呈半直立性树型，株型矮小而端正。小灌木上开满饱满的圆形花朵，十分美观。

株高80厘米·花径9厘米

丰盛的恩典 *Grace Abounding*

 剑瓣高芯型 四

色调柔和，杏黄色中晕染着淡粉色，再配上简洁的花容，极富魅力。成大簇开放，花量多。呈半直立性树型，能长得很茁壮，叶片为鲜绿色。

株高100厘米·花径7.5厘米

雷根斯堡 *Regensberg*

 平展型 四

花瓣表面为深粉色，背面为白色，在凉爽的气候条件下会带有白色镶边和条纹。虽然开放时间不持久，但花量多。呈扩张性树型，株型非常矮小。抗病性强。

株高60厘米·花径7厘米

永恒之波 *Permanent Wave*

 平展型 四

花如其名，深玫红色半重瓣花朵的波浪状花瓣令人印象深刻。花量多，开放时间持久。偏直立性树型，株型较高，枝条发红。对于白粉病抵抗力很弱，需要注意。

株高150厘米·花径7厘米

粉红新娘 *Bridal Pink*

 半剑瓣高芯型 四

淡粉色花瓣具有光泽，花型为半剑瓣高芯型，花朵成簇开放。呈半扩张性树型，株型、叶片颜色都很美，花茎长势旺盛。这一品种十分茁壮，亦常被用作切花。

株高80厘米·花径7.5厘米

国际先驱论坛报 *International Herald Tribune*

 半重瓣平展型 四

半重瓣花朵呈深紫红色，花瓣根部为白色。与黄色雄蕊相互映衬，极为美丽，花朵次第开放。呈半直立性树型，属于较矮小的月季之一，少刺、易于打理。

株高50厘米·花径3厘米

天籁 *Music*

重瓣平展型   四

在白色花瓣上带有清晰的粉色镶边。约5朵花成簇开放，植株上下开满小花，十分惹人喜爱。这一品种适合花坛栽培，但由于其吸水性强，所以也可以用于切花。

株高70厘米·花径5厘米

丰花月季

夏之雪
Summer Snow

 圆瓣半重瓣型 四 ▣▣ 🪣 ☰

这一品种极为罕见，是由藤本品种变为四季开花性的。数朵花成大簇开放，花开不断。枝条纤细、无刺，能长成端正的植株。虽然很苗壮，但需留意预防白粉病。

株高60厘米・花径6厘米

冰山
Iceberg

 半重瓣平展型 四 ▣▣ 🪣 ☰

这一品种是丰花月季系最具代表性的名花。纯白色的花朵成大簇垂头开放，极为美丽。春秋花量都很多，能长成大丛而美观的植株。叶片有光泽，植株长成后不施农药也可以。

株高130厘米・花径7厘米

向亚琛致意 *Gruss an Aachen*

 莲座型 四 ■■ 🪣 ☰

花色为乳白色，中心晕染着杏色，莲座型花型令人联想起芍药。严格说来它更近似于杂交茶香月季系，华美的花容富有魅力。有茶香，株型亦端庄、美观。

株高100厘米・花径8厘米

白光 *White Lightnin*

 半剑瓣高芯型 四 ■■ 🪣 ☰

这一品种的父本与母本均为白色月季中的名花，其特征是继承了波浪状的花瓣。数朵花成簇开放，花量多，优美的花型与芳香也极具魅力。呈半直立性树型，也很适合盆栽。

株高80厘米・花径8厘米

雪绒花 *Edelweiss*

杯型 四 ■■ 🪣 ☰

花朵大小适中，带有淡淡的乳白色，花型端庄，十分美丽。花朵开放时间极为持久，且一直开放至初冬。株型矮小，因此适合种植在花坛前面或是盆栽。

株高60厘米・花径8厘米

白美人 *Bella Weiss*

 圆瓣杯型 多 ■■ ☰

白色的圆瓣杯型花朵十分惹人喜爱，到了秋季等时节会晕染上淡淡的粉色，更增添一份美感。多次开花且花朵开放时间持久。株型端正，耐寒性也很强。

株高80厘米・花径5厘米

玛格丽特·梅里尔
Margaret Merrill

 杯型 四 ■■ ☰

白色花朵的中心晕染着象牙色，极为美丽，虽然花量不算太多，但拥有怡人的大马士革玫瑰香。树势旺盛，能长得很大丛。由于其对于黑星病的抵抗力很弱，所以要定期喷洒农药。

株高150厘米・花径8.5厘米

霍斯特曼的罗森·雷利
Horstman's Rosenresli

 半重瓣型 四 ■ ☰

花瓣层层叠叠，顶端呈波浪状，花型美观。呈半扩张性树型，植株苗壮。能长得很大丛。可以利用其小灌木状的枝条，使其大量开花，极具观赏价值。

株高100厘米・花径7.5厘米

银河 *Amanogawa*

单瓣型

株高50厘米·花径8厘米

艳丽的黄色单瓣花朵伴随开放逐渐褪色、发白。树型扩张性极强，枝条垂下，花朵如同在夜空中闪耀的星星一般。这一品种作为单瓣的黄色系月季十分罕见。

亚瑟·贝尔 *Arthur Bell*

半重瓣型

株高80厘米·花径6厘米

黄色大花朵带有透明感、成大簇开放，根据气候条件有时还会晕染上玫粉色。株型偏直立性且端正。花名得名于苏格兰威士忌的勾兑酒。

香槟鸡尾酒 *Champagne Cocktail*

半重瓣型

株高100厘米·花径8厘米

淡黄色花色仿佛流动的香槟，晕染着粉色。色调根据季节变化。植株茁壮，树势旺盛。鲜绿色的光叶也令人印象深刻。

金兔子 *Gold Bunny*

圆瓣杯型

株高80厘米·花径8厘米

鲜艳的黄色旋涡状花瓣十分美丽，边缘呈波浪状。花朵开放时间持久，不易褪色。呈半扩张性树型，新梢少，但会在老枝上开很多年花。

莉莉·玛莲 *Lilli Marleen*

半重瓣型
平展型

株高90厘米·花径7.5厘米

艳丽的红色半重瓣花朵花瓣不多，与黄色雄蕊的对比极美。秋季花色变深。呈半直立性树型，植株较矮、茁壮，能长得很大丛。

月亮精灵 *Moonsprite*

莲座型

株高90厘米·花径7厘米

乳白色的莲座型花朵中心呈淡黄色。在凉爽的气候条件下花瓣边缘会变为桃粉色。开放时间持久，春秋都会开许多花。作为丰花月季品种，其稀有的色调及花型很受人们的欢迎。

纸月亮 *Paper Moon*

半重瓣
平展型

　　澄净的蓝紫色与波浪状花瓣极为美丽。半重瓣花朵成大簇开放，花量多，开放时间持久。呈半扩张性树型，能生长得很茁壮。花朵与深绿色叶片搭配在一起十分美观。 株高80厘米·花径6厘米

艾丽斯·克洛夫人
Mrs. Iris Clow

圆瓣
杯型

　　浅杏色花色与波浪状花型十分优雅。花量不算太多，但开放时间持久。树型呈半直立性且株型端正。瓣质佳、耐雨淋，但需留意预防霜霉病。 株高80厘米·花径6.5厘米

仙容 *Angel Face*

圆瓣平
展型

　　深薰衣草紫色的花瓣呈大波浪状。有强香，花朵硕大，花量不是太多，但会次第开花。枝条少刺，呈半扩张状，能长成大丛灌木。 株高80厘米·花径9厘米

杏黄甜
Apricot Nectar

圆瓣
杯型

　　花色为杏色，花型十分端庄，在丰花月季中算是花朵较大的品种。散发出甜美的茶香，开放时间亦很持久，因此很适合做切花。植株较高，枝条偏散开。最好种植在花坛的后方。 株高150厘米·花径9厘米

甜月亮 *Sweet Moon*

半剑瓣
高芯型

　　花色为淡紫色，带有很明显的通透的蓝色，开放时间持久，花量多。散发出蓝色月季系的芳香。成大簇开放，特别是在春季。植株呈半直立状、长势旺盛，花茎很长，也很适合做切花。 株高100厘米·花径6.5厘米

纪念安妮·弗兰克 *Souvenir d' Anne Frank*

半重
瓣型

　　橘黄色花朵伴随开放逐渐晕染上红色，暖色系的色彩十分美丽。有大刺，茁壮但需留意预防白粉病。花名蕴含着祈愿和平之意。 株高80厘米·花径7厘米

153

Polyantha Roses
Miniature Roses

多花薔薇・微型月季

多花蔷薇

Polyantha 意为 "多花"

1875 年，吉约通过杂交东方的野蔷薇与庚申月季系的品种（迷你庚申月季），培育出了多花蔷薇。这一系统花朵娇小，成簇开放，且四季开花，由于其花量惊人，所以被命名为多花蔷薇。

多花蔷薇的花色与花型不算太丰富，因此在近代曾经有一段时期没有受到人们的瞩目，但是现在人们越来越看重其作为花坛栽培品种的优异特性。它的树型呈灌木性，大部分都是 1 米以下的小型月季，也有少数品种呈现出藤蔓性。

后来，多花蔷薇被用来与杂交茶香月季系杂交，培育出了杂交多花蔷薇，这更是与丰花月季系密切相关。

多花蔷薇中也有耐寒的品种，在寒冷地区也能够生长，因此在欧洲北部地区至今仍然是很受欢迎的品种。

橘色母亲节
Orange Mothersday

系统：多花蔷薇（Pol）
育出国：荷兰
株高：60 厘米
花径：3.5 厘米

"橘色母亲节"这一品种极具人气，肉粉色花色十分美丽。遇低温花瓣颜色会变深。别称"父亲节"。

在樱草中也有多花品种

在与樱草同属的报春花中也有以多花报春命名的品种群。在枝条顶端开满绚丽多彩的小花，为春天的园艺舞台增添一抹亮色。

玛戈的妹妹 *Margo's Sister*

 圆瓣杯型 四

这一品种是"玛戈·科斯特"的枝变异，柔和的粉色花色惹人怜爱。杯型花朵呈爆发式开花，花量多且不断反复开放至初冬。新手也能养好。**株高60厘米·花径4厘米**

珊瑚群 *Coral Cluster*

 半重瓣平展型 四

珊瑚色小花朵的花色伴随开放逐渐变淡。成大簇开放，花期长。这一品种属于大型多花蔷薇，抗病性强且茁壮，易于栽培。也很适合盆栽。**株高80厘米·花径3厘米**

昨日 *Yesterday*

 半重瓣平展型 多

晕染着粉色的杏色花朵成大簇开放，春季以后也时常反季开花。枝条呈弓状生长，因此最好当作藤本月季来打理。亦可用作杂交亲本。**攀缘300厘米·花径3厘米**

珍珠金 *Perle d'Or*

 剑瓣高芯型 四

杏色剑瓣花朵的花瓣在盛开时像菊花一样翻卷。植株呈半直立性树型，花梗长，散发出甜美的香气。这一品种的杂交亲本之一是香水月季，对它影响巨大。**株高80厘米·花径4厘米**

塞西尔·布伦纳
Cécile Brunner

 剑瓣高芯型 四

淡粉色花色中晕染着些许杏色，承自香水月季的优美花容极富魅力。枝条散开，花茎长而柔韧，因此花朵看起来显得较为稀疏。是茁壮、易于栽培的品种。**株高70厘米·花径3厘米**

仙子 *The Fairy*

 圆瓣平展型 反

粉色花朵在枝条顶端成簇开放。开放时间极为持久，时常反季开花直至初冬。枝条柔韧，自然弯曲呈弓形。是茁壮、易于栽培的品种。**株高60厘米·花径3.5厘米**

喜悦 *Yorokobi*

 半重瓣型 四

这一品种是将野蔷薇改良为四季开花性而培育出来的。淡粉色花朵成大簇开放。开花后即褪色，色调变化极美，开放时间亦持久。树型呈半扩张性且繁茂，长势旺盛而茁壮。**株高80厘米·花径4厘米**

奥尔良玫瑰 *Orléans Rose*

半重瓣型 四

粉色花朵晕染着深玫红色，成簇开放、花簇呈圆锥状。花量多，植株茁壮。这一品种不仅是丰花月季的亲本，还存在有好几个枝变异品种。**株高80厘米·花径2.5厘米**

贝蒂宝贝 *Baby Betty*

 圆瓣杯型 四

淡黄色小花朵带有粉色镶边，开满整棵植株。黄色与粉色混色的花苞也极美。树型呈半直立性，乍一看与微型月季极为相似，在多花蔷薇中算是小型品种。树势旺盛。**株高40厘米·花径3.5厘米**

伊冯娜·拉比耶 *Yvonne Rabier*

杯型 四

圆形花苞慢慢绽放，变成雅致的白花。花朵与光叶相互映衬、极为美丽。成大簇开放，散发出甜美的香气。呈半直立性树型、少刺，很适合盆栽。对于黑星病的抵抗力极强。 株高80~200厘米·花径3.5厘米

法瑞克斯宝贝 *Baby Faurax*

绒球型 四

紫色小花透着蓝色，成簇开放。色彩独特而美丽，与黄色雄蕊交相辉映。株型在多花蔷薇中也算是最小型的品种。植株上下覆满花朵，适合种植在花坛的前方。 株高30厘米·花径2厘米

世间荣耀 *Gloria Mundi*

重瓣型 四

鲜艳的朱红色重瓣小花朵成大簇开放。树型呈半扩张性，抗病性、耐寒性俱佳，能长得很大丛。种植在花坛中可以增添一抹亮色。 株高80厘米·花径2.5厘米

玛丽·帕维 *Marie Pavié*

圆瓣平展型 四

初绽放时呈极淡的粉色，伴随开放颜色逐渐变白。花朵较大，成小簇开放，枝条微微垂下的样子极美。少刺，红色新芽与茂密的叶片十分美观，植株苗壮、易于栽培。 株高70厘米·花径5厘米

白雪公主 *Sneprinsesse*

杯型   四

这一品种与"母亲节"一脉相承，花色为清秀的纯白色。圆润的杯型花朵呈爆发式开花。易发生枝变异，有时也会混杂着粉色与橘色花朵。 株高60厘米·花径3.5厘米

不列颠 *Britannia*

单瓣型 四

深玫红色单瓣花的花瓣根部为白色。花朵在多花蔷薇中算是比较大的，植株较大丛，偏直立性且端正。这一品种抗病性、耐寒性俱佳，易于栽培。 株高90厘米·花径6厘米

白色宠儿 *Little White Pet*

绒球型 四

盛开期白色的绒球型花朵成簇开放，与花苞相互映衬，极为美丽。娇小的纽扣心也很有魅力。树型呈扩张性，不容易保持平衡。这一品种耐暑性、抗病性俱佳，易于栽培。 株高60厘米·花径3厘米

蒙哈维尔的安妮·玛丽
Anna-Marie de Montravel

绒球型 四

20~30朵圆溜溜的白花成大簇开放，爆发式开花，开放时间持久。不断反复开放至冬季。树型呈半直立性，分枝频繁，植株苗壮。需要留意预防白粉病。 株高60厘米·花径2厘米

母亲节 *Mothersday*

杯型 四

深玫红色花朵呈圆润的杯型。花量极多且开放时间极为持久，枝变异频发，抗病性、耐寒性俱佳。株型端正，亦很适合盆栽。 株高60厘米·花径3厘米

多花蔷薇

微型月季

花色与香气极为丰富的品种

微型月季是由香水月季系古典玫瑰的小型品种迷你庚申月季培育出的品种群。花色与花型极为丰富，既有直立性品种，也有扩张性品种，最近还有强香型品种问世。

即使你的庭院种不了大丛的月季，你也可以在花盆中栽培微型月季来欣赏。

如果选择盆栽，那就不必顾虑月季的大敌——雨水的问题，但仍然同其他月季一样需要留意病虫害的管理。由于微型月季十分娇小，所以一旦染上病虫害，其影响就会迅速扩散，这一点请务必注意。

微型月季品种亦可混栽

娇小且易于打理的微型月季也很适合混栽。由于是密植，所以要勤摘花蒂并保持通风状态良好。

幸福的小径
Happy Trails

系统：微型月季（Min）
育出国：美国
株高：30~40 厘米
花径：3 厘米

花色为艳粉色，花量多，枝条匍匐。可以使其从吊盆等中垂下，这样看起来会显得十分华美。

像飞流直下的瀑布一般盛开：
藤蔓性微型月季的垂枝月季树状砧木

你听说过藤蔓性微型月季的垂枝月季树状砧木吗？每年 5 月，在日本埼玉县所泽市的西武巨蛋（现名西武王子巨蛋）体育场都会召开"国际玫瑰与园艺展"，而垂枝月季树状砧木的展示作品总会吸引一众参观者的目光。从约 2 米高处垂下无数藤蔓性微型月季，花朵仿佛瀑布般倾流而下，被人们称为华丽的花朵瀑布。"国际玫瑰与园艺展"始办于 1999 年，自海外远道而来的育种家与园艺家们在第一次看到垂枝月季树状砧木时，无一不为之感到惊叹。

当时的出展者是已故的日本月季协会的石井强先生。海外的树状砧木一般都是用中、大花月季牵引而成，而在日本，石井强先生却是用微型月季打造垂枝月季树状砧木的名人，这种牵引方式是从菊花的悬崖式造型等传统牵引方式演变而

图片提供／公益财团法人日本月季协会

来的。其具体的制作方法是：将野蔷薇作为砧木栽培，然后在其约 1.5 米高处，嫁接上微型蔷薇。石井先生将砧木主干培育得很粗壮并在其分枝上进行嫁接，据说最多时曾嫁接过 7 个芽。嫁接用的藤蔓性微型月季最好选择有许多纤细柔软的枝条且开大量小花的品种，如安云野、希望、梦乙女以及石井先生培育出的丝绸之路，等等。此外，在牵引时要使月季枝条下垂、利用若干个铁圈使其长成圆柱状。这项作业极需耐性，据说一株月季每年需要重复进行 3000 处以上的牵引。正因为石井先生对于月季的无限热爱，才能诞生出这日本独有的、震惊世界的花朵瀑布。

德累斯顿娃娃 *Dresden Doll*

 杯型

　　这一品种的微型月季继承了苔蔷薇的血统。花朵偏大、花色为微微发黄的粉色，伴随开放由环抱型逐渐变为杯型，呈现出黄色的花蕊。能长得很大丛，因此也可以种植在花坛里。

株高50厘米·花径3厘米

小小
Little Tiny

 绒球型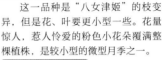

　　这一品种是"八女津姬"的枝变异，但是花、叶要更小型一些。花量惊人，惹人怜爱的粉色小花朵覆满整棵植株，是较小型的微型月季之一。

株高15厘米·花径3厘米

贝茜·麦考尔宝贝
Baby Betsy McCall

 半重瓣型

　　可爱的半重瓣型花朵中心晕染着淡粉色。树型稍有些偏扩张性、极为繁茂，如果精心培育的话作为微型月季也能长得较大丛。花量多也是其优点之一。深绿色的叶片亦十分美丽。

株高30厘米·花径3厘米

迷迭香 *Rosmarin*

 绒球型

　　这一品种是德国的科德斯培育出的古典名花。粉色花朵晕染着深粉色，楚楚可怜，高雅的株型极富魅力。叶质稍弱，但这也更衬托出花朵的美丽。

株高30厘米·花径3厘米

天使甜心 *Angel Darling*

半重瓣型

　　波浪状花瓣随风飘动，素净的紫色富有魅力，与黄色雄蕊相互映衬，十分美观。轻飘飘的花朵偏大、成小簇开放，枝条呈扩张性生长。

株高30厘米·花径3.5厘米

红雀 *Benisuzume*

桔梗型 反

　　红色花色略带些古雅的韵味，花如其名，这一品种的月季如同天空中飞过的鸟群一般惹人怜爱。频繁地反季开花直至晚秋，能够欣赏很长时间。即使盆栽株型也能长得很端正，耐寒性较强。

株高30厘米·花径2.5厘米

玛丽莲 *Marilyn*

莲座型

　　这种月季是由西班牙育种家道特培育出来的古典品种。粉色渐变色惹人怜爱，越靠近中心颜色越深。花量多，覆满整棵小灌木。凝聚了微型月季最经典的魅力。

株高20厘米·花径2.5厘米

魔法旋转木马 *Magic Carrousel*

 圆瓣高芯型 四

　　白色花瓣带有艳丽的深玫红色镶边，花型为圆瓣高芯型。花容端庄，枝条几乎无刺，也很适合做切花。花量多、开放时间持久，植株茁壮，但需留意预防黑星病。

株高50厘米·花径3厘米

星条旗 *Stars'n' Stripes*

 半重瓣型 四

　　虽说这一品种是小型藤蔓性微型月季，但就如其名一般，其最大特征就是白色花瓣上带有玫红色的条纹。花朵紧贴枝条开放，独特的风情令人过目不忘。

株高50厘米·花径3厘米

甜蜜马车 *Sweet Chariot*

 莲座型   四

　　深桃红色的莲座型花朵透着紫色，根据季节变换花色也有所不同，伴随开放逐渐褪色变浅。成大簇开放、开放时间极为持久，因此最好尽早摘除花蒂，这样能够促进下次开花。

株高30厘米·花径2.5厘米

玩具小丑 *Toy Clown*

 半重瓣型   四

　　惹人喜爱的粉色镶边十分清晰，花瓣层数少，给人以轻快的感觉。株型偏直立性且端正，适合花坛栽培与盆栽。花朵与深绿色叶片的搭配十分协调。

株高30厘米·花径3.5厘米

妖精 *Lutin*

 圆瓣平展型 四

　　这一品种是"猩红宝石"的枝变异，伴随开放肉粉色花色逐渐变浅，色调变化极美。花瓣窄而尖、呈星型，花量较多，枝条直直地生长，但株型美观。

株高40厘米·花径3厘米

七子蔷薇 *Nanakobara*

 单瓣型 四

　　这一品种的栽培历史可以追溯至江户时代。白色花瓣晕染着粉色，像樱花一般美丽的花朵极富魅力，开放时覆满整棵植株，十分美观。花朵与光叶极为协调，枝繁叶茂。

株高40厘米·花径2.5厘米

时之惠 *Toki no Megumi*

 重瓣型 四

　　这一品种是由姬野玫瑰园培育出来的。艳丽的紫红色重瓣花朵一到秋天花色就变得尤为美丽。枝条略微垂下，虽然柔韧但看起来很有分量。很适合栽培在花坛等中。

株高30厘米·花径3厘米

微型月季

绿冰 Green Ice

莲座型   四

花色伴随开放由白转绿、颜色越来越深。5~10朵花成簇开放，枝条匍匐生长，很适合用来覆盖地面，亦适合盆栽。抗病性极强，是非常可靠的品种。 株高60厘米·花径3厘米

白色的梦 White Dream

圆瓣平展型 四

在微型月季中算是比较丰满的品种，花朵极美，雅致的白花与深绿色叶片搭配在一起十分美丽。与其他花草也很相称，种植在花坛中或盆栽亦很好养活。同时也是好用的小花型切花。 株高40厘米·花径4厘米

绿钻 Green Diamond

剑瓣酒盏型 四

这一品种的特征是其令人联想到钻石的花型。花色为白色、略带些淡粉色，伴随开放逐渐变为绿色。花朵成大簇开放，花量多，也很适合盆栽。 株高30厘米·花径2厘米

硕苞蔷薇 Kakayan

单瓣型 四

这一品种属于大型微型月季，会开出素净的白色单瓣花朵。抗病性、耐寒性俱佳，不断频繁开花。最适合花坛栽培。秋季开花后保留花蒂，就能结出大量果实供人欣赏。 株高80厘米·花径3厘米

雪姬 Yukihime

半重瓣型 四

半重瓣花朵极为娇小，花色为雅致的白色。花量多，盛开时花朵简直如同枝头的积雪一般。树势不算太旺盛，但作为最小型的微型月季，它是既美丽又珍贵的品种。 株高20厘米·花径2厘米

白八女津姬 Shiroyametsuhime

半重瓣平展型 四

人们认为这一品种是"八女津姬"的枝变异，但具体不详。它是极为娇小的微型月季名花，盛开时花量甚至多到连叶子都看不见的程度。如同白色的紫云英一般，带有一种惹人怜爱的情趣。 株高20厘米·花径2厘米

微型月季

飞越彩虹 *Over the Rainbow*

这一品种是复色花，花瓣表面为深红色、背面为黄色，在微型月季中十分罕见。花量虽然不多，但花型十分美观，花茎也很长，因此可以当作小花型切花使用。植株呈半扩张状且繁茂。

株高40厘米·花径3.5厘米

微型明星 *Starina*

花色为朱红色，花型为剑瓣高芯型，十分端庄。株型端正，花与叶的平衡感极佳。据说这一品种是最早的剑瓣高芯型微型月季，长久以来作为具有代表性的名花为人们所钟爱。

株高30厘米·花径3厘米

草莓蛋糕卷 *Strawberry Swirl*

白色花瓣带有清晰的红色扎染状条纹，花色极具个性。这一品种的微型月季具有苔蔷薇的特征——枝条纤细且垂下，十分罕见。栽培时可以利用这一特征，进行混栽或种在吊盆里。

株高30厘米·花径3厘米

小小艺术家 *Little Artist*

艳丽的红色花瓣根部为白色，与黄色雄蕊交相辉映。虽然根据光照条件不同，花色有时会变浅，但花量多，在呈半扩张状的植株上下开满花朵，十分壮丽。

株高40厘米·花径3.5厘米

凯西·罗宾逊 *Kathy Robinson*

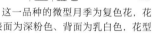

这一品种的微型月季为复色花，花瓣表面为深粉色、背面为乳白色，花型非常端庄。呈直立性树型。花茎长，亦适合做切花。现在属于极为稀少的品种。

株高60厘米·花径3厘米

红姬
Benihime

虽然这一品种的起源不详，但它遗传了庚申月季的许多特征，纤细的枝条散开，花朵像铃铛一样挂在枝条上，十分惹人喜爱。与其说它是微型月季，倒不如说它具有一种迷你中国月季的情趣。

株高40厘米·花径3厘米

猩红 *Scarletta*

这一品种是微型月季的名花，鲜艳的红色与清爽的平展型花型极为美丽。鲜明的花色引人瞩目。株型呈半直立状，端庄而美观，也很容易与其他品种搭配种植。

株高30厘米·花径3厘米

微型月季

紫罗兰娃娃 *Violet Dolly*

莲座型 ｜四｜

这一品种是为了做切花使用而开发的，花朵开放时间持久、花容端庄，极富魅力。植株繁茂，长大后能收获许多切花。散发出水果香，枝条少刺。

株高40厘米·花径3厘米

迷你灯 *Mini Lights*

单瓣型 ｜四｜

黄色的单瓣花朵在微型月季中十分少见。端庄的花容与色彩极富魅力，很早就开始开放。这一品种呈半扩张性树型、多刺，打理起来稍有些困难，但具有其他品种所没有的个性，因此很受欢迎。

株高40厘米·花径3厘米

冉冉升起
Rise'n' Shine

剑瓣高芯型 ｜四｜

这一品种是具有代表性的黄色微型月季名花。雅致、清爽的黄色花色与端庄的花型极富魅力。半光叶将花朵衬托得更为美丽。植株呈半直立状，株型美观且繁茂，也很适合用作小花型切花。

株高40厘米·花径3厘米

蜂鸟'79 *Colibri '79*

重瓣平展型 ｜四｜

花色为橘色、花瓣顶端晕染着红色，既温和又绚丽。花朵开放时间持久，如果想营造出雍容华贵的氛围，这一品种十分值得推荐。植株呈半直立状、株型端正，花朵与深绿色叶片的搭配亦十分协调。

株高40厘米·花径2厘米

淡紫色花边 *Lavender Lace*

半剑瓣高芯型 ｜四｜

这一品种是早期培育出的紫色系微型月季。尖尖的花瓣层层叠叠，有微香。在呈扩张状而繁茂的枝叶中，高雅的紫罗兰色花朵引人瞩目。

株高30厘米·花径3厘米

宝贝化装舞会 *Baby Masquerade*

半剑瓣高芯型 ｜四｜

这一品种十分有名，淡黄色花朵晕染着粉色，缤纷的色彩极具魅力。花量多，盛开时整棵植株都被圆形花朵覆盖，仿佛洒满阳光的向阳处一般。植株茁壮、易于栽培，但需留意预防白粉病。

株高40厘米·花径3.5厘米

金币 *Gold Coin*

绒球型 ｜四｜

花色为明亮的金黄色，花型为绒球型，花容令人联想起蒲公英。属于小型灌木，开花时枝条微微垂下。如果你需要些色彩变化，那这一品种再适合不过了。

株高30厘米·花径3厘米

藤本微型月季

粉色雾霭 *Pink Spray*

单瓣型

　　花色为绚丽的粉色、花瓣根部为白色，花型为单瓣型，花量多、开放时间持久。虽然反季开花较少，但是树势旺盛且抗病性较强，因此很好栽培。与"希望"等品种种植在一起会更为美观。

攀缘200厘米·花径2.5厘米

白色雾霭 *White Splay*

单瓣型

　　素净的白色单瓣花覆满整棵植株。反季开花较少，植株比"粉色雾霭"长得更大型。树势旺盛、耐寒性强，可以使其从石墙上垂下，极为美观。

攀缘200厘米·花径2.5厘米

宇部小町 *Ubekomachi*

杯型

　　淡粉色花朵成簇开放。花量惊人，用花篱等进行牵引，美不胜收。种植后第二年开始迅速生长，最长能长达6米。

攀缘600厘米·花径2.5厘米

希望 *Nozomi*

单瓣型

　　澄净的淡粉色花朵仿若樱花一般高雅，极为美丽。枝条匍匐生长，因此很适合用来覆盖地面。与日式庭院也十分协调，别有一番雅致。保留花蒂就很容易结出果实。

攀缘200厘米·花径2.5厘米

红色瀑布 *Red Cascade*

杯型

　　深红色花朵极为端庄、成簇开放。由于其花色深，所以有时会被晒焦。不断反复开放且开放时间持久。枝条纤细、柔韧，适合用于低矮的花篱或覆盖地面。

攀缘350厘米·花径2.5厘米

安云野 *Azumino*

单瓣型

　　亮玫粉色的小花成大簇开放。花量极多，盛开时十分壮观。树势旺盛、攀缘性强，抗病性亦很强，能够克服恶劣的条件存活下来。

攀缘300厘米·花径2.5厘米

雪毯 *Snow Carpet*

重瓣型

　　这一品种是尤为适合用来覆盖地面的名花。花色为白色，花型为重瓣型，花朵娇小，花量多。秋季叶片变红。反季开花较少，但在微型月季中算是抗病性较好的品种，耐寒性亦很强。

攀缘250厘米·花径3厘米

藤本微型月季

园艺家宇田川佳子力推
无农药有机栽培的
玫瑰造园与管理

在平房的北侧设有宽 30 厘米的花坛。有种植后已经迎来第 3 年的玫瑰"卡里埃夫人"与"维多利亚女王"，以及耐阴植物玉簪花与珊瑚铃等等。

"玫瑰的魅力点在于，只要挑选早开的木香蔷薇与即使在冬季也开放的四季开花性微型月季等品种搭配种植在一起，就几乎能整年都欣赏到美丽的花朵。修剪与牵引等作业也包括在内，玫瑰是一年到头都与庭院息息相关的植物。虽然说打理起来要费一些工夫，但它非常有存在感、令人眷恋。"

说出这段话的宇田川佳子女士是一名园艺家，她以位于东京郊区的私人住宅为主，进行造园与管理。"玫瑰的缺点就是有刺，还容易生虫（笑）"。不过，她正在推行利用无农药有机栽培进行低成本管理。

"人们认为玫瑰对于病虫害的抵抗力普遍较弱，在栽培时喷洒农药是理所应当的事。这样一来，人们使用的农药药效就越来越强，有宠物和孩子的家庭开始对玫瑰敬而远之。而不使用农药的话确实会感染病虫害，在近些年的酷夏还会落叶变得稀稀落落的，但一到秋季就会出新芽并开花。虽然花量不多，但我觉得供家里人欣赏这样也挺好的了。"

虽然很难在一整年中都保持美丽的状态，但玫瑰基本上是一种苗壮、易栽培的植物——我们能感觉到宇田川女士对于玫瑰所寄予的这种信赖感。她在一整年中都会对庭院中的玫瑰做些什么呢？接下来就让我为您介绍。

土壤是玫瑰的精力之源

"如果你想不费吹灰之力就将玫瑰养得很苗壮，配土是十分重要的"，宇田川女士这样说道。请想象"落叶堆积的森林中的土壤"。微生物使落叶分解，土壤变成松软的团粒结构，玫瑰的根系就容易补给氧气、水分和养分，植株得到生长的力量变得苗壮。"土壤中富含多种微生物的话，就让特定的病原菌难以增多，因此能够预防玫瑰染上病害。"

使用堆肥配土

如果想使土壤中的微生物增多，就要将腐殖土与牛粪堆肥、马粪堆肥充分混合在土壤中。在栽植与移植时也要将它们混入土中，如果是过于狭窄、无法翻土的场所，则可将堆肥覆盖在玫瑰根部，只需这样做就很有效果。"这样配土的目的是使土壤形成团粒结构，使排水性、保水性、保肥性达到最佳平衡。只要连续三年这样做，就能提高土壤的保水性，使其不易干燥，这样一来就能减少浇水次数。如果土壤松软，那么即使长出杂草来也容易拔除，这也算是低成本管理的一环，可谓一石二鸟。"

团粒化的土壤很松软，保持着虽然紧捏一下也会成团、但很快又会散开的状态。

右方是发酵肥，下方是马粪堆肥，左方是牛粪堆肥。

用花盆栽培 1~2 年吧

　　玫瑰根据其系统与品种不同，栽培方法（树型）与大小（株高）也多种多样，因此与种植场所的契合度也至关重要。"即使是大苗，在出售时也大都将植株强剪至一半的程度，因此在购买苗木后最好先将其种在花盆中栽培 1~2 年，尤其是藤蔓性与半蔓性的品种。等到完全掌握它原本的发梢方式与枝条长度再移栽到地上，这是我比较推荐的方法。"如果是新梢长势特别迅猛的品种，若不让它顺其自然长大的话，花量也很容易缩水得厉害。即使栽培场所很狭窄，也可以尽量选择墙面或大型花门等能够进行牵引的场所。

在半背阴处也能生长的品种

　　即使处于住宅北面，日出或日落前后也能晒到太阳，并且在太阳位置高的夏季正午前后也有光照。像这样的场所就叫作"半背阴"，每天有三四个小时能见到阳光或是老处于树荫下面；而虽然直射光不多，但周围十分开阔的场所则叫作"明背阴"。在玫瑰中也有一部分品种能够忍耐这样的环境，因此可以试着灵活利用这一特性。"即使不能种四季开花的品种，也可以关注一季开花的品种。卡里埃夫人与白色梅蒂兰、保罗的喜马拉雅麝香漫步者、科妮莉亚等都是耐阴性较强的品种。"

灌木性月季"柔情（Tendresse）"的盆栽。在这之后的 1 年里不修剪枝条，使植株长实，还要掌握新梢的生长方式等。

按照顺时针顺序、从右上方开始依次为：耐阴性强的保罗的喜马拉雅麝香漫步者、维多利亚女王、希灵顿夫人、科妮莉亚。

感染了黑星病的叶片。

蚕食叶片的月季叶蜂幼虫。

如何处理病虫害

发生原因

　　病虫害大多都是由于极度干燥与气温变化、高温潮湿、通风不佳等环境与气候原因而发生的。"比如说，离墙壁近的花坛会被混凝土等吸走水分、易干燥；很难淋到雨的屋檐下等处也十分干燥，易生叶蜱。如果是干燥再加上通风不佳，还会生出介壳虫。你不能预防剧烈的气温变化与长期下雨等危害，但你可以应对庭院中一些微小的环境变化。此外，如果施肥过多，则氮气也容易导致病虫害发生，这一点请务必谨记"。

观察

　　"平时，我会一边浇水、摘除花蒂，一边欣赏玫瑰，这样做的话，一旦玫瑰发生异常就能立刻注意到。"宇田川女士这样说道。这样做能够发现叶片上有虫子蚕食过的洞，或是在下面发现虫粪。"尽早发现病虫害并做出处理能阻止危害扩大，因此要仔细观察玫瑰。速效性肥料会增加花量，在这样的植株上发生虫害时我会想，虫子们把超过根系承受能力的、多余的花苞吃掉了，我觉得这简直就是在给植株减负呢！这样一想的话，连虫子都变得可爱起来了（笑）。虽然施肥栽培会招来虫子，但虫子也为我们带来了一些信息。"

用辣椒、大蒜、鱼腥草制作的自然保护液。

自然保护液

- **使用方法**

  如果是大蒜汁、鱼腥草汁则加入
  100 倍的水进行稀释，如果是辣
  椒汁则加入 500 倍的水进行稀
  释，然后用喷雾器等喷洒。也可
  以搭配使用 100~500 倍的水进
  行了稀释的木醋液。

- **材料**

  大蒜、鱼腥草、辣椒等
  白酒（酒精度 25% 以上的甲类
  烧酒、果酒用）或木醋液

- **制作方法**

  1 大蒜去皮，鱼腥草洗净控干。
    辣椒整个就可以。
  2 将步骤 1 的材料分别装入密
    封容器，装满 1/3 可，然
    后注入两倍量的白酒。
  3 放在常温、背阴处保存 3 个
    月后即可取出使用。

规避风险

"比如说，如果果断地将染上黑星病的叶子从叶根处剪除，那病害就不会蔓延，接下来还会长出新芽。更进一步说的话，光溜溜的光叶对病害本身抵抗力就很强，因此只要选择光叶品种就能减少染病风险。此外，水分循环良好的植株不易长蚜虫，因此比起施肥和消毒，好好浇水更重要"。除此之外，也可以同薰衣草等伴生植物一起栽培，种下后的 1~2 年内不要修剪枝条、使植株长实，这样玫瑰才能茁壮生长，蓄积体力以使病虫害无法近身。

使用农药的选择

话虽如此，但如果你想使玫瑰维持茁壮的状态、开许多花，那也可以选择使用农药这一选项。农药分为预防药与治疗药两种，所以如果决定使用，就最好从预防药开始。根据病害与虫害的种类不同，农药制品也分为许多种，其中也有供家庭使用的喷雾式农药。如果你选择无农药栽培方式，那就要挑选抗病性强的品种来种植。

天然提取的原材料

木醋液与大蒜素等自然保护液是天然提取的原材料，可以代替农药来防除病虫害。"虽然自然保护液不具备农药的速效性，但它不会使病虫害产生抗药性，还具有能够自然分解、不残留的优点。只要连续使用三年左右，就能改善植物生长环境。"可以从 3 月上旬的惊蛰前后一直喷洒至 10 月，开始时每 1~2 周喷洒一次，之后可以减至每月一次。通过与市面上出售的木醋液搭配使用，能够很有效地被玫瑰吸收。

成簇开放的雪雁，在摘除花蒂时要整簇摘除。

玫瑰的日常打理

浇水

　　一般地栽与盆栽不同，自植株扎根后，只要土壤不干透就不浇水。"不过，由于玫瑰喜水，即使是栽植在庭院中也应该每周浇一次水，尤其是3月下旬至开花期间。浇水能促进枝叶生长，叶色也会变得更为美丽。"被房子和道路等围绕的小庭院以及很难淋到雨的墙壁与围墙边等处极易干燥，因此可适当增加浇水次数。植物是在上午吸水、进行光合作用的，所以上午浇水比较有效。

摘除花蒂

　　玫瑰花开败后会褪色，花蕊也会变成茶色，这时就应该摘除花蒂了。"这既是在对凋谢的花儿说'谢谢'，同时也是使余下的花朵看起来更显美观的不可或缺的作业"。要是种植的是四季开花性与反季开花性的品种，手稍慢一点就会耽误下次开花；要是容易结果的品种，不摘除花蒂，养分就会被果实抢走，很难再开第二次花，请务必注意。花朵成簇开放的品种只摘除花蒂即可，而单花品种则要连最靠近花朵的5片叶子也一并摘除。

开花后的修剪·预备牵引

　　生长状况良好的植株在开花后，要根据其花枝长短进行修剪，短的剪去1/2，长的剪去

宇田川女士的作业工具（夏季版）。从右至左依次为：放在剪刀包里的花艺剪刀、皮手套与修枝剪刀、采山野菜用的双刃刀、麻绳、盘式蚊香。

1/3。"幼株与树势弱的植株只要摘除花蒂，就能使其长出茂密的叶子并长实。"灌木性品种的新梢顶端一旦长出花苞，就要从五枚叶的上方将其掐断（掐顶），新梢顶端十分柔软，用手指就能掰折。如果是藤蔓性与半蔓性的新梢，由于其来年还要开花，所以要进行预备牵引以免碍事。

栽植·移植

"到卖场挑选时肯定光顾着看花朵的颜值了，所以买回家以后一定要先盆栽养个1月到2年，确认株型后再移植到合适的场所，这是我的建议。"栽植要趁植株休眠期的12月到次年2月间，开花前根就已经开始生长了，所以这个时期不合适。盆栽也尽可能在同一时期每年移植一次。"将根土抖落，再用新土移植，这样就能长出新的根来，植株也能长得很茁壮。"

施肥

"在栽植与移植盆栽时，我从不施底肥。我想尽可能少用肥料，并且吸收养分的是上方的根系，所以我认为在适当的时期将肥料埋在地表附近更有效。"适当的时期就是指12月到次年1月的休眠期、长出花芽的3月末，以及在8月末当作开花后的礼肥、给四季开花性品种施肥。宇田川女士利用的是发酵肥，是用油渣和骨粉等有机物发酵制成的，然后再混入同等分量的堆肥与腐殖土，充分拌匀。

修剪·牵引的乐趣

夏季修剪

在日本关东以西的温暖地区，四季开花性的灌木性品种能长得很好。如果想让秋天的玫瑰在恰到好处的高度开花，就必须进行夏季修剪。"由于这一时期天气转凉，所以从修剪至开花需要花费小两个月的时间。如果想使其在 10 月中旬开花，就要在 8 月下旬进行修剪。这样做可以使恣意生长的株型变端正，只要一想到秋天齐放的玫瑰花，我就觉得在酷暑中作业也十分有乐趣。"因夏天的酷热而变得衰弱的植株以及藤蔓性与半蔓性的品种不宜进行修剪。

冬季修剪

玫瑰在冬天落叶并休眠。在此期间要将残余叶片全部剪除，并进行强剪和牵引。"冬季修剪作业关系到来年开花时植株呈何种树型。如果是灌木性品种，在修剪时就要想象其开花高度；如果是藤蔓性品种，就要在其开花场所及支撑物上进行牵引。而且开过 2~3 年花的枝条会变得越来越难开花，所以要将其从靠近根部的位置处截断，使植株长出新梢。长势旺盛的新梢能开出许多花，因此要一边想象它开放的位置，一边进行牵引。"

宇田川佳子，曾从事过园艺商店等处的工作，于 2001 年成为独立园艺家。以私人住宅的造园与管理为主业，并为园艺杂志提供混栽及植栽创意等。合著有《家庭装饰的小小庭院前花园》（农文协）等。

B

● 半蔓性

特性处于灌木性与藤蔓性之间的蔷薇品种。栽培时需要修剪及牵引。

● 瓣质

即花瓣的性质。

● 爆发式开花

特指成簇开放的花中、顶蕾与大量侧蕾生长至几乎同一高度一齐开放的开花方式。

C

● 侧蕾

指除了位于最高处的顶蕾外的外侧花蕾。如果在侧蕾没有长大时就将其摘除，顶蕾就能发育得更好，开出漂亮的花朵。

● 侧枝

枝条半截处长出的粗壮新梢。

● 抽梢

新梢的生长状况。

● 垂枝月季树状砧木

使藤本月季及半蔓性月季枝条下垂的树状砧木。（参考P160）

D

● 打顶

即用手掐除新梢。是"掐顶"与"短截"的总称，掐顶可以使植株分枝多开花，短截则通过剪枝促进开花、使老化的植株再生。

● 大苗

将嫁接后的花苗种在地里、栽培至第二年秋天的苗木。从秋末至初春上市销售。

● 倒盆

指当植株的根生长到花盆里全满时，就换一个大一圈的花盆将它栽入。

● 底肥

在月季栽培中是指栽苗时埋入坑底的肥料，或是指冬夏时节（四季开花性品种）、冬季（一季开花性品种）埋入植株周围的肥料。它是植株生长过程中不可缺少的养料，要使用肥效缓慢发挥作用的迟效性肥料或缓效性肥料。根据植株的生长情况每年施肥两次。

● 冬季底肥

在冬季休眠期时施的肥料。会在土壤中慢慢分解，至5~6月份的盛花期时发挥效力。这是一次很重要的施肥，它将成为植株一整年的生长营养源。

● 短枝

指较短的枝条。

● 多次开花

指在不规律的反季开花中，开花次数尤为多的特性。即使在秋季也能开很多次花。

F

● 反季开花

指在春季开过一次花以后，还会不规律地再次开花的特性。与有规律地开花的四季开花性有所不同。

● 腐花

刚开始绽放的花苞由于淋雨等原因被伤到，不再继续开放而腐烂的现象。多见于花瓣薄、花期长、花瓣数量多的品种。

● 复色

花色为两种或两种以上颜色的蔷薇品种。

G

● 革质

表皮厚，看起来像是牛皮一样的叶子。

● 根出条

从在土里生长到一定程度的根上抽出的新梢。亦指从嫁接月季的砧木部分长出的新梢。

● 钩刺

像钩子一样顶端向下弯的刺，很容易勾住东西。

● 灌木性

虽然是草本但看起来像木本的性质。指基因不同的亲本交配培育出的杂交种。既有人工培育的，也有自然界的杰作。

● 光叶

表面像打了蜡一样，有光泽的叶子。

H

● 花枝

花茎。指开花的枝条。

J

● 基出枝

从植株根部长出来的苗壮新梢。会在当年的秋季及来年的春季开花，最终生长成主枝。

● 剪花

指剪除开败的花朵。如果放着不管易导致老化及病害、结果实后不易再次开花。

● 焦叶

叶子边缘及叶尖、叶脉等处产生变色症状。一般见于以下两种情况：突然将植株从背阴处移至向阳处，或是光照过于强烈。

● 接口

砧木（野蔷薇等）与接穗贴合的部分。

● 接穗

在特性强的野生蔷薇（野蔷薇等）砧木上，嫁接想栽培的品种的芽或穗木、使其繁殖的方法。

- **茎**
  花茎、花枝，即开花的枝条。

- **扩张性**
  在灌木性月季中，相对来说枝条斜着向上生长的树型。灌木性月季划分为扩张性、直立性，以及位于二者之间的半扩张性、半直立性。

- **蓝化**
  红色系花瓣随着开放渐渐转为蓝色系。这是由 pH 值的变化和吸附着的金属所导致的，红色花青素产生了变化。

- **蓝玫瑰**
  通常是指蓝色系月季的品种。并不是指真正的蓝色，而是指像丁香花的淡紫色一样、比薰衣草紫色更偏蓝一些的颜色。

- **礼肥**
  意指四季开花性蔷薇开败后的追肥。

- **绿心**
  退化的花蕊像小叶片一样密集在一起、形成绿色的小突起。在莲座型的古典玫瑰等花蕊中可见。

- **满根**
  根长满了花盆、植株难以吸收养分的状态。

- **蔓性蔷薇**
  藤本月季中枝条尤为柔韧、攀缘性强的品种。分枝数量多，枝条恣意生长。

- **盲枝**
  即使生长到一定程度也不开花的枝条。

- **盲枝新梢**
  指不开花的新梢。本身花量就少的品种和刚长出来的、耐寒性差的花芽枯死等时就会发生这种情况。

- **玫瑰果**
  玫瑰果实。即蔷薇果实，最初是指犬蔷薇的果实，现在用来指代所有的蔷薇果实。

- **纽扣心**
  花朵中心的小花瓣向内侧卷曲、包裹住花蕊。看起来就好像是圆圆的纽扣一样。

- **攀缘月季**
  指藤蔓性植物，在蔷薇中是指藤本月季。需要人工牵引，无法像牵牛花一样自动将枝条缠绕在其他植物上。

- **牵引**
  将藤蔓及枝条固定在花篱或花门等处做出造型。

- **晒伤**
  因光照过强，花瓣变色成为褐色或黑色。多见于黑色系月季。

- **实生苗**
  指由种子繁殖出的苗木，亦指其发育长成后的植物。

- **树势**
  即苗木的长势。"树势好"就表示苗木生长旺盛。

- **树型**
  指植株形态，根据枝条的生长方式大致分为以下 3 种：灌木性（灌木型）、半蔓性（小灌木型）、藤蔓性（攀缘型）。

- **树状砧木**
  在一棵长得很高的砧木上进行嫁接的嫁接方式。

- **四季开花**
  一年到头都有规律地多次开花的特性。不仅春夏秋，有些地区甚至在初冬也会开花。

- **藤蔓性**
  枝条长长后无法自立，需要人工牵引的蔷薇品种。

- **天然树型**
  没有经过人工牵引和修剪的天然生长的树型。

- **夏季底肥**
  在夏天进行修剪时施的肥料。对于促进秋季开花非常有效。

- **腺毛**
  分泌黏液的毛状突起，多见于苔蔷薇。

- **镶边**
  指在花瓣边缘出现其他颜色镶边的蔷薇品种。

- **新苗**
  在第一年夏天进行嫁接、第二年春天开始出售的苗木。

- **新梢**
  从植株根部抽出、未满一年的粗壮新枝。

- **修剪**
  指修剪多余枝条的作业。这样做不仅仅是修整外形，还能通过理清纠缠在一起的枝条改善光照及通风条件，促进植株健康生长。

Y

- **叶腋**
  指叶的基柄与茎相接处的内侧。

- **一季开花**
  1 年只开放 1 次的特性。蔷薇的话一般是在春季，多见于古典玫瑰和藤本月季。

- **育种**
  通过将特性不同的品种进行杂交、授粉、基因重组而培育出新的品种。

Z

- **杂交**
  将不同种、系统、属的蔷薇进行交配培育出的杂交种。

- **杂交种**
  即使不用支柱等牵引也能自立的蔷薇品种。

- **造景用蔷薇**
  抗病性强、无须悉心打理也能茁壮成长的蔷薇品种，在公园等处用来造园。

- **砧木**
  指在嫁接时承受接穗的植株。在日本一般使用野蔷薇（P15）。

- **砧芽**
  从砧木（野蔷薇等）上长出来的芽。由于它会夺取养分，所以要将它剪除。

- **枝变异**
  由于突然变异，植株的一部分或者是整体发生变化，生长特性及花色等与原本的品种不同。这种现象既有自然发生的、也有人为使之发生的，多为灌木性蔷薇长出藤蔓性蔷薇的枝条，或是花色产生变化。

- **直立性**
  灌木性月季中，相对来说枝条直直向上生长的树型。灌木性月季划分为扩张性、直立性，以及位于二者之间的半直立性。

- **枝条丛生**
  从一棵植株的根部抽出若干根枝条的株型。

- **枝条更新**
  指枝条进行更新换代，这时易长基出枝。一般见于枝条寿命较短的品种。

- **植物攀爬架**
  用来给藤蔓性蔷薇进行人工牵引的架子，格子状，木制或金属制。

索引

图书在版编目（CIP）数据

蔷薇花图鉴 / 日本主妇之友社编著 ; 梁玥译 . -- 南京 : 江苏凤凰科学技术出版社 , 2019.4

ISBN 978-7-5537-9922-3

Ⅰ . ①蔷… Ⅱ . ①日… ②梁… Ⅲ . ①蔷薇属 – 观赏园艺 Ⅳ . ① S685.12

中国版本图书馆 CIP 数据核字 (2018) 第 283041 号

BARA NO BENRICHOU
By SHUFUNOTOMO Co., Ltd.
Copyright © SHUFUNOTOMO CO., LTD. 2015.
All rights reserved.
Originally published in Japan by SHUFUNOTOMO Co., Ltd.
Simplified Chinese Copyright© 2019 by Phoenix-HanZhang
Publishing and Media (Tianjin) Co., Ltd.
Chinese (in simplified character only)translation rights arranged with
SHUFUNOTOMO Co., Ltd. through CREEK & RIVER Co., Ltd.

江苏省版权局著作权合同登记 图字：10-2018-354 号

蔷薇花图鉴

编　　　著	日本主妇之友社	
译　　　者	梁　玥	
责 任 编 辑	刘　尧	
责 任 校 对	郝慧华	
责 任 监 制	曹叶平　　方　晨	
出 版 发 行	江苏凤凰科学技术出版社	
出版社地址	南京市湖南路 1 号 A 楼，邮编：210009	
出版社网址	http://www.pspress.cn	
印　　　刷	北京博海升彩色印刷有限公司	
开　　　本	787mm×1 092mm　1/16	
印　　　张	11.5	
版　　　次	2019年4月第1版	
印　　　次	2019年4月第1次印刷	
标 准 书 号	ISBN 978-7-5537-9922-3	
定　　　价	69.80元	

图书如有印装质量问题，可随时向我社出版科调换。